JN208259

入門 OpenTelemetry

現代的なオブザーバビリティシステムの構築と運用

Ted Young, Austin Parker　著

山口 能迪　訳

O'REILLY®
オライリー・ジャパン

Learning OpenTelemetry
Setting Up and Operating a Modern Observability System

Ted Young and Austin Parker

Beijing · Boston · Farnham · Sebastopol · Tokyo

Dylan Maeへ
—Austin

OpenTelemetryの共同設立者たちに
—Ted

まえがき

　進化し続けるクラウドネイティブテクノロジーにおいて、アプリケーションのパフォーマンスと健全性を監視することは、もはや贅沢なことではなく、必要不可欠なものです。マイクロサービスアーキテクチャが標準になり、分散システムが乱立し、データ量が爆発的に増加する中、従来の監視ツールは進化のペースを維持するのに苦労しています。そこで、OpenTelemetryがゲームチェンジャーとして登場し、標準化されたベンダー非依存なオブザーバビリティへのアプローチを提供します。OpenTelemetryは単なるテクノロジーではありません。単なる監視から完全なオブザーバビリティへと「キャズムを越える」パラダイムシフトを象徴しています。OpenTelemetryは、サイロから統一されたテレメトリーへと業界を変えようとしています。

　著者のTed YoungとAustin Parkerが説明するように、OpenTelemetryは、オブザーバビリティへの統一されたテレメトリーデータ主導のアプローチを受け入れています。また、OpenTelemetry Protocol（OTLP）のようなオープンスタンダードを活用し、完全に観測可能で、回復力があり、高性能なクラウドネイティブアプリケーションを構築し、運用するような機能を備えています。

　『入門OpenTelemetry』は、OpenTelemetryのパワーを解き放つための包括的なガイドです。分散トレーシングの複雑さに取り組んでいるベテランエンジニア、基本を理解しようとしている新人、あるいはオブザーバビリティの旅に乗り出そうとしている組織のいずれであっても、本書はこの変革をもたらすテクノロジーを推進するための知識と実践的な洞察を提供します。

　本書の著者たちは、オブザーバビリティにはクラウドネイティブパラダイムのより広範な文脈と固有の課題を理解する必要があることを強調しています。たとえば、マイクロサービスアーキテクチャは、アジリティとスケーラビリティを提供する一方で、新

たな複雑性をもたらします。モノリシックアプリケーション向けに設計された従来の監視ツールでは、サービス間の複雑な相互作用や依存関係を把握するのに苦労することが多くあります。このような首尾一貫した可視性の欠如は、（サービス間の）可視性のギャップにつながり、パフォーマンスのボトルネックの特定、問題の診断、アプリケーションの健全性の確保を困難にします。

『入門 OpenTelemetry』は、OpenTelemetry が、テレメトリーデータを収集し、エクスポートするための、統一された、ベンダーにとらわれないアプローチを提供することで、どのようにこれらの課題に正面から取り組んでいるかに焦点を当てています。この統一されたアプローチは、メトリクス、トレース、ログ、プロファイルを使用して、アプリケーションの健全性とパフォーマンスの相関した視点を提供します。

著者たちは、OpenTelemetry の複雑さを掘り下げ、OpenTelemetry の核となる概念を紹介し、共有ライブラリや共有サービスのような異なるプログラミング言語やフレームワークのための計装戦略を追求しています。彼らは、OpenTelemetry Collector を使用したテレメトリーデータの収集と処理のベストプラクティスを明らかにし、Kubernetes、サーバーレス、データストリーミングのようなプラットフォームにおける、テレメトリー収集をスケールさせるためのデプロイパターンを解説します。広いアプローチと深いアプローチ、集中型アーキテクチャと分散型アーキテクチャなどのバランスを取ることで、スケーラブルなテレメトリーパイプラインを構築する方法を紹介します。最終章では、生成 AI、FinOps、クラウドの持続可能性など、先進的なトピックを探求します。

私たちはエキサイティングな時代に生きています。クラウドネイティブサービスと AI アプリケーションの世界が融合するにつれて、大規模なモデルのふるまいを理解するためにテレメトリーデータを使うことはとても重要です。だからこそ、OpenTelemetry の旅における次の大きな飛躍は、スマートで分散した生成 AI アプリケーションのオブザーバビリティを完全にサポートするオープンなフレームワークを提供することなのです。実践としてのオブザーバビリティは、大規模なテレメトリーを収集し分析するために、実行可能な AI モデルを組み込まなければなりません。

さあ、本書を開いて、OpenTelemetry の世界に飛び込み、あなたのクラウドネイティブの旅のために、オブザーバビリティの力を解き放ちましょう。覚えておいて欲しいのは、達人への道は一歩から始まるということであり、本書はその旅の最初の一歩とその後に続く歩みへのガイドなのです。

楽しんで！

カリフォルニア州パロアルト

2024年2月

Alolita SharmaはOpenTelemetryガバナンス委員会のメンバーで、5年以上OpenTelemetryプロジェクトに貢献しています。CNCF Observability Technical Advisory Group（TAG）の共同議長であり、AppleのAIML observability practice をリードしています。OpenTelemetry、Observability TAG、Unicode、W3Cのオープンソースとオープンスタンダードに貢献しています。また、AWSでオブザーバビリティ、インフラストラクチャ、検索エンジニアリングの強力なリーダーシップを発揮し、IBM、PayPal、Twitter、Wikipediaでエンジニアリングチームを管理してきました。

序文

　過去10年間で、オブザーバビリティはMonitoramaやVelocity（RIP）[†1]のようなイベントで語られるニッチな分野から、クラウドネイティブの世界のあらゆる部分に関わる数十億ドル規模の産業になりました。しかし、効果的なオブザーバビリティのカギは、高品質のテレメトリーデータです。OpenTelemetryは、このデータを提供し、その活動により、次世代のオブザーバビリティツールと実践の第一歩となることを目的としたプロジェクトです。

　もしあなたが本書を読んでいるのなら、あなたはオブザーバビリティの実践者（おそらく開発者やSRE）で、本番稼働中の複雑なシステムのプロファイルや理解の仕方に興味を持っている可能性が高いでしょう。あなたは、OpenTelemetry が何であり、どのように組み合わされ、何が過去の監視フレームワークと違うのかに興味があるので、本書を手に取ったかもしれません。あるいは、この大騒ぎが何なのかを理解しようとしているのかもしれません。結局のところ、わずか5年の間に、OpenTelemetryはただのアイデアから世界でもっとも人気のあるオープンソースプロジェクトの1つになったのです。あなたがここに来た理由が何であれ、私たちはあなたが来てくれたことを嬉しく思います。

　私たちが本書を書いた目的は、OpenTelemetryの「公式サイトで見つけられないマニュアル」を作ることではありません。公式サイトにはドキュメントやチュートリアルはたくさんありますし、特定の言語での OpenTelemetry の実装を深く掘り下げた素晴らしい本もいくつかあります（それらの詳細は付録Bを参照してください）。私たちの

[†1] 翻訳注：O'Reilly Velocity Conference はO'Reillyが主催していた国際的な技術カンファレンスでした。新型コロナ禍にともない2020年10月以降のオフラインイベントの開催をすべて中止しました。https://www.oreilly.com/conferences/from-laura-baldwin.html

ゴールは、OpenTelemetryそのものを**学ぶ**ための包括的なガイドを提示することでした。私たちは、さまざまなパーツが何であるかだけでなく、それらがどのように組み合わさっているのか、そして、**なぜ**なのかを理解して欲しいと考えています。本書は、OpenTelemetryを本番システムに実装するだけでなく、OpenTelemetryプロジェクトへの貢献者として、あるいは組織でのオブザーバビリティ戦略ツールの一環として、OpenTelemetry自体を拡張するために必要な基礎知識をあなたに提供します。

　一般的に、本書は大きく2つの部分に分けられます。1章から4章までの章では、監視とオブザーバビリティの現状を議論し、OpenTelemetry の背後にある動機を示します。これらの章は、プロジェクト全体を支える基礎的なコンセプトを理解するのに役立ちます。これらの章は、初めての読者だけでなく、しばらくオブザーバビリティを実践してきた人にとっても貴重なものです。5章から9章までの章では、具体的なユースケースと実装戦略について説明します。前半の章で紹介されたコンセプトの背後にある「どのように」について議論し、さまざまなアプリケーションやシナリオで実際にOpenTelemetry を実装する際のポイントを解説します。

　もしあなたがすでにオブザーバビリティのトピックに精通しているのであれば、本書の後半部分まで読み飛ばそうかと考えるかもしれません。それを止めることはできませんが、おそらく最初の章を復習することで何かを得られるでしょう。いずれにせよ、頭を柔らかくして偏見を持たずに本書に臨む限り、本書から何かを得られるはずであり、何度でも読み返せるはずです。本書が、**あなたの**オブザーバビリティの旅の新たな章への基礎となることを願っています。

表記上のルール

本書では、次に示す表記上のルールにしたがいます。

太字 (Bold)

　:新しい用語、強調やキーワードフレーズを表します。

等幅 (Constant Width)

　:プログラムのコード、コマンド、配列、要素、文、オプション、スイッチ、変数、属性、キー、関数、型、クラス、名前空間、メソッド、モジュール、プロパティ、パラメーター、値、オブジェクト、イベント、イベントハンドラー、XMLタグ、

HTMLタグ、マクロ、ファイルの内容、コマンドからの出力を表します。その断片（変数、関数、キーワードなど）を本文中から参照する場合にも使われます。

 ヒントや示唆を表します。

 興味深い事柄に関する補足を表します。

 注意あるいは警告を表します。

コードサンプルの利用

（コード例や演習のような）補助的な教材はhttps://github.com/orgs/learning-opentelemetry-oreilly/からダウンロードできます。

技術的な質問やコード例に問題があった場合はjapan@oreilly.co.jpまでご連絡ください。

本書は、あなたのお仕事をお手伝いするためのものです。一般に、本書がサンプルコードを提供している場合、あなたのプログラムやドキュメントに使用できます。コードの重要な部分を複製するのでない限り、許可を得るために私たちに連絡する必要はありません。たとえば、本書のコードのいくつかのスニペットを使用したプログラムを書く場合、許可は必要ありません。オライリー・ジャパンから出版されている書籍のサンプルを販売または配布する場合は、許可が必要です。本書を引用し、サンプルコードを引用することによって質問に答えることは、許可を必要としません。しかし、あなたの製品の文書に本書からのサンプルコードを大量に取り入れることは、許可を必要とします。

私たちは感謝しますが、通常、帰属表示を要求することはありません。帰属表示には通常、タイトル、著者、出版社、ISBNが含まれます。たとえば、『入門

OpenTelemetry』(Ted Young、Austin Parker　著、山口能迪　訳、ISBN978-4-8144-
0102-4)といった具合です。

　もし、コード例の使用がフェアユースや上記の許可から外れると思われる場合は、
japan@oreilly.co.jp までお気軽にご連絡ください。

オライリー学習プラットフォーム

　オライリーはフォーチュン100のうち60社以上から信頼されています。オライリー学
習プラットフォームには、6万冊以上の書籍と3万時間以上の動画が用意されています。
さらに、業界エキスパートによるライブイベント、インタラクティブなシナリオとサン
ドボックスを使った実践的な学習、公式認定試験対策資料など、多様なコンテンツを
提供しています。

　　https://www.oreilly.co.jp/online-learning/

　また次のページでは、オライリー学習プラットフォームに関するよくある質問とその
回答を紹介しています。

　　https://www.oreilly.co.jp/online-learning/learning-platform-faq.html

意見と質問

　本書の内容については、最大限の努力をもって検証、確認していますが、誤りや不
正確な点、誤解や混乱を招くような表現、単純な誤植などに気がつかれることもあるか
もしれません。そうした場合、今後の版で改善できるようお知らせいただければ幸いで
す。将来の改訂に関する提案なども歓迎いたします。連絡先は次の通りです。

　　株式会社オライリー・ジャパン：
　　電子メール japan@oreilly.co.jp

　本書のウェブページには次のアドレスでアクセスできます。

　　https://www.oreilly.co.jp/books/9784814401024/

　オライリーに関するその他の情報については、次のオライリーのウェブサイトを参照

してください。

https://www.oreilly.co.jp/

https://www.oreilly.com/（英語）

謝辞

著者陣は、オライリーのチーム全員の絶え間ないサポートと励まし、そして優しさに感謝します。特に、アクイジションエディターのJohn DevinsとディベロップメントエディターのSarah Greyに感謝します。また、貴重なフィードバックをくださった技術レビュアーの方々、そして貢献してくださったAlolita Sharmaにも感謝します。

本書は、長年にわたるOpenTelemetryの貢献者全員の仕事なしには不可能でした。

Austin

もう1冊本を書くのはいいアイデアだと私を説得してくれた共著者に感謝します。

私のパートナー、Mandyへ。長時間の執筆と予測不可能な執筆活動に耐えてくれてありがとう。**Tada gan iarracht.**[†2]「努力なしでは何もできない」

また、この1年余りの間、私が相談相手として頼り、その友情とアイデアが本書に反映された多くの人々に感謝します。Phillip Carter、Alex Hidalgo、Jessica Kerr、Reese Lee、Rynn Mancuso、Ana Margarita Medina、Ben Sigelman、Pierre Tessier、Amy Tobey、Adriana Villela、Hazel Weakly、Christine Yen。みな素晴らしい人ばかりです。

Ted

もう1冊本を書くのはいいアイデアだと確信させてくれた共著者に感謝します、本当に。

OpenTracingプロジェクトとOpenCensusプロジェクトのすべてのメンテナーに感謝します。両プロジェクトは、分散システムのコンピューター操作を記述するための普遍的な標準を作成するという同じ目標を掲げています。エゴを捨て、プロジェクトを統合し、OpenTelemetryをやり直すために何年もの後退を受け入れるという選択は、難し

[†2] 翻訳注：古アイルランド語の諺。

い決断でした。私は、この決断に要した勇気と信頼に感謝しています。

Elastic Common Schema（ECS）プロジェクトのメンテナーにも感謝します。これも
また、2つの標準を持つことが、標準を持たないということを意味するケースでした。
ECSをOpenTelemetryセマンティック規約にマージすることを快諾してくれたことは、
普遍的に受け入れられるテレメトリーシステムという私たちが共有するゴールへのもう
1つの重要な一歩でした。

OpenTelemetryを指して、古典的な**XKCD**のコミック #927、『標準の普及』（原題
"How Standards Proliferate"、https://xkcd.com/927）を持ち出すのは、よくある（そし
て面白い）ジョークです[†3]。**そこのあなたはクスクス笑っていますが、OpenTelemetry
はちょっと違いますよ！** OpenTelemetryは新しい標準を作りましたが、その過程で他
の3つの標準を非推奨にしました。だから、私たちは今、標準を作った数でいうとマイ
ナス2になっています。これは標準化の歴史における記録かもしれません。私は、標準
化が終わるまでに、少なくともマイナス4にはしたいと思っています。

[†3] 翻訳注: 内容は、ある目的のための標準が多数ある状況を打破するために新しい統一規格を作っ
た結果、標準がもう1つ増えた、というもの。

訳者まえがき

　本書は "Learning OpenTelemetry: Setting Up and Operating a Modern Observability System"（2024年、O'Reilly Media、ISBN9781098147181）の日本語訳です。

　ソフトウェア業界、特にクラウドネイティブなシステムに関わるコミュニティの中で、『オブザーバビリティ（可観測性）』という言葉が聞かれるようになって久しくなりました。私も共訳者として関わった『オブザーバビリティ・エンジニアリング』（2023年、オライリー・ジャパン、ISBN9784814400126）が発売されて1年ほどですが、この1年は日本におけるオブザーバビリティの飛躍の年と言っても過言ではないでしょう。

　ところで、モニタリング（監視）とオブザーバビリティにはどういう違いがあるのでしょうか。詳細は『オブザーバビリティ・エンジニアリング』に譲りますが、オブザーバビリティの重要な要素として「あらゆるテレメトリーを取得し、かつそれらをトランザクション情報によって紐づけること」があります。「オブザーバビリティがある状態」を目指すためには、テレメトリーシグナルを取得するだけでなく、それらを辿れる形にしなければなりません。ログ、メトリクス、トレース、プロファイルといったさまざまなシグナルを相関させる際、それぞれのシグナル用に使っている異なる思想を持ったライブラリや製品から情報を抽出し、紐づけ、埋め込むことはときに多くの労力を要します。

　こうした問題を解決するために発足したプロジェクトがOpenTelemetryです。OpenTelemetryはCNCF傘下のプロジェクト、発足は2019年と後発ですが、その規模と開発スピードはすでにCNCFの200を超えるプロジェクトの中でKubernetesに次いで2番目となっており、業界の関心の高さが伺えます。OpenTelemetryはテレメトリーの収集と送信に関して、業界の標準を策定しています。現時点ではログ、メトリクス、トレース、プロファイルですが、新しい種類のテレメトリーシグナルが使われるように

なれば、それも対象になるでしょう。

　本書はそんなOpenTelemetryの入門書です。本書にはコードは登場しません。しか
し、本書ではOpenTelemetryの思想や、実際に計装する際に理解すべき概念など、コー
ドや設定を書く前に知っておくことで、導入の理解を早めるための解説が得られます。
みなさんが本書を読むことで、OpenTelemetryを理解し、オブザーバビリティの実践
が広まることを期待してやみません。

謝辞

　本書は多くの方々の支えによって出版に至りました。多くのフィードバックをくだ
さった、レビュアーのみなさまに感謝いたします。大谷和紀（@katzchang）さん、逆井
啓佑（@k6s4i53rx）さん、古川雅大（@yoyogidesaiz）さん、武藤健志（@kmuto）さん、
山下和彦（@pyama86）さん、お忙しい中、本書のレビューを快諾してくださり、ありが
とうございました。私の初校の至らなかった点に多くの建設的なフィードバックをいた
だいたおかげで、日本語訳版としてより価値が高まったと感じています。

　オライリー・ジャパン社の瀧澤昭広さんに感謝いたします。瀧澤さんに編集いただい
た書籍はこれで6冊目となります。毎回感じることですが、今回も執筆環境の整備、図
表の作成、引用元の調査、校正など、多くの作業で助けていただきました。

　OpenTelemetryコミュニティやオンライン開発者コミュニティのみなさまにも感謝い
たします。OpenTelemetryプロジェクトは突き詰めるとアプリケーションレイヤーが関
わる多くの製品に関わりがあります。本書の翻訳にとどまらず、そうしたプロジェクト
をより良く理解する上で、コミュニティのみなさまに多くの助言をいただきました。

　最後に、私の家族に感謝いたします。さまざま変化があった中、私も新しい生活に
慣れない中で家族の支えは何より大きいものでした。ありがとうございました。

2025年1月

冠雪の富士を望んで、山梨にて

山口能迪

目次

1章
最新のオブザーバビリティの現状

歴史とは過去ではなく、現代の旅行者に役立つように特定の視点から描かれた、過去の地図である。

ヘンリー・グラッシー、アメリカの歴史学者[1]

本書は、大規模な分散コンピューターシステムに内在する困難な問題、そして、それらの問題を解決するためにOpenTelemetryをどのように適用するかについての本です。

現代のソフトウェアエンジニアリングはエンドユーザー体験にこだわっており、エンドユーザーは非常に高速なパフォーマンスを求めています。調査（https://oreil.ly/tZ9tY）によると、ユーザーは読み込みに2秒以上かかるとeコマースサイトの利用を放棄してしまうそうです。おそらく、あなたはアプリケーションパフォーマンスの問題を最適化し、デバッグするためにかなりの時間を費やしたことがあるでしょう。そして、もしあなたが私たちと似た感覚を持っていれば、このプロセスがいかに無機質で非効率的であるかに苛立ったことがあるはずです。データが十分でないか、多すぎるかのどちらかであり、あるデータには矛盾があったり、測定値が不明確であったりします。

エンジニアはまた、厳しい稼働時間要件にも直面しています。つまり、システムがダウンしてしまうまで手をこまねいているのではなく、メルトダウンを引き起こす前に問題を特定し、緩和しなければなりません。そして、トリアージから鎮静化へと迅速に移行しなければなりません。そのためにはデータが必要です。

しかし、どのようなデータでもいいというわけではなく、すでに整理され、コンピュー

---

[1] "Passing the Time in Ballymenone: Culture and History of an Ulster Community"（Henry Glassie、1982年、University of Pennsylvania Press、ISBN9780253209870）

ターシステムで分析できるように準備された**相関データ**が必要です。おわかりのように、そのようなレベルの整理されたデータは、これまで容易に入手できるものではありませんでした。実際、システムの規模が拡大し、異質性が増すにつれて、問題を分析するために必要なデータを見つけることはさらに難しくなっています。かつては干し草の山から針を探すようなもの[†2]であったとすれば、今は針の山から針を探すようなものなのです。

　OpenTelemetryはこの問題を解決します。個々のログやメトリクスやトレースを、首尾一貫し、統一された情報のグラフにすることで、OpenTelemetry は次世代のオブザーバビリティツールの舞台を用意します。そして、ソフトウェア業界は、すでにOpenTelemetryを広く採用しているので、この原稿を書いている間[†3]にも、次世代のツールが構築されつつあります。

1.1　『時代は変わる』

　テクノロジーには波があります。本書を書いている2024年、オブザーバビリティの分野は少なくとも30年ぶりに本格的な大波に乗りつつあります。本書を手に取り、新たな視点を得るには良い時期を選んだと言えます！

　クラウドコンピューティングとクラウドネイティブなアプリケーションシステムの出現は、複雑なソフトウェアシステムの構築と運用の実践に激震をもたらしました。しかし、変わらないのは、ソフトウェアはコンピューター上で動作し、ソフトウェアを理解するためにはコンピューターが何をしているかを理解する必要があるということです。クラウドがコンピューティングの基本的な単位を抽象化しようとしているのと同様に、われわれは2進数を依然としてビットとバイトを使って表現しています。

　マルチリージョンのKubernetesクラスターでプログラムを実行していても、ラップトップでプログラムを実行していても、同じような疑問を抱くことになるでしょう。

- 「なぜ遅いのか」

[†2] 翻訳注：「looking for a needle in a haystack」という慣用句の直訳で、「雑多で膨大な状況の中から探しているものを見つける」というような意味になります。オブザーバビリティ業界ではしばしば目にする表現で、本書にもたびたび登場します。

[†3] 翻訳注：以下、本文で出てくる「この原稿を書いている時点」と言った表現は2023年後半を指します。

- 「何がこんなにたくさんのメモリを消費しているのか」
- 「いつ問題が開始したのか」
- 「根本原因はどこか」
- 「どう直せば良いのか」

天文学者で科学コミュニケーターのカール・セーガンは「現在を理解するためには過去を知る必要がある」と言いました[4]。システムにおいても同様のことが言えます。オブザーバビリティに対する新しいアプローチがなぜ重要なのかを理解するためには、まず従来のオブザーバビリティアーキテクチャとその限界についてよく知る必要があります。

これは初歩的な情報の要約に見えるかもしれません！しかし、オブザーバビリティのゴタゴタはあまりにも長い間続いてきたため、私たちの多くはかなり多くの先入観を持ってしまっています。ですから、たとえあなたが専門家であったとしても、**特**に専門家であるからこそ、新鮮な視点を持つことが重要なのです。本書で使用するいくつかの重要な用語を定義することから、この旅を始めましょう。

1.2　オブザーバビリティ：主要な用語

まず、オブザーバビリティとは何を観測しているのでしょうか。本書では、分散システムを観察します。**分散システム**とは、コンポーネントがネットワーク化された異なるコンピューターに配置され、互いにメッセージをやりとりすることで動作を調整するシステムのことです[5]。コンピューターシステムには多くの種類がありますが、私たちが注目するのはこれらのシステムです。

何が分散しているとみなされるのか
分散システムは、クラウド上で動作するアプリケーションやマイクロサービス、Kubernetes アプリケーションだけではありません。サービス

---

[4]　カール・E・セーガン（作家、司会者）、"Cosmos：A Personal Voyage" シーズン1 第2話 "One Voice in the Cosmic Fugue" Adrian Malone プロデュース（1980年、Arlington, VA: Public Broadcasting Service、翻訳注：https://www.youtube.com/watch?v=78t30-C_Bx4）

[5]　Andrew S. Tanenbaum、Maarten van Steen著 "Distributed Systems: Principles and Paradigms"（2002年、Prentice Hall、ISBN9781530281756、翻訳注：日本語版は『分散システム　第二版』《2009年、ピアソン桐原、ISBN9784894714984》です）。

指向アーキテクチャを使用するマクロサービスや「モノリス」、バックエンドと通信するクライアントアプリケーション、モバイルアプリやウェブアプリはすべて、ある程度分散しており、オブザーバビリティの恩恵を受けています。

　もっとも高いレベルで、分散システムはリソースとトランザクションから構成されます。

リソース

これらはすべて、システムを構成する物理的および論理的なコンポーネントです。サーバー、コンテナ、プロセス、RAM、CPU、ネットワークカードなどの**物理コンポーネント**は、すべてリソースです。クライアント、アプリケーション、APIエンドポイント、データベース、ロードバランサーなどの**論理コンポーネント**もリソースです。要するに、リソースとはシステムを実際に構築するすべてのものです。

トランザクション

これらは、システムがユーザーのかわりに仕事をするために必要なリソースを編成し、利用するリクエストのことです。通常、トランザクションは実際の人間によって開始され、その人間はタスクが完了するのを待っています。飛行機の予約、ライドシェアの呼び出し、ウェブページの読み込みなどがトランザクションの例です。

　このような分散システムをどう観測するのでしょうか。テレメトリー[†6]を発信しない限り不可能です。**テレメトリー**とは、システムが何をしているかを示すデータのことです。テレメトリーがなければ、システムは謎に満ちた大きなブラックボックスに過ぎません。

　多くの開発者は、**テレメトリー**という言葉を紛らわしいと感じています。これは定義が複数ある用語です。本書で、そして一般的なシステム監視で、私たちが区別しているのは、ユーザーテレメトリーとパフォーマンステレメトリーです。

---

†6　翻訳注：「テレメトリー」の元来の意味は遠隔地から対象を観測する手法（遠隔測定法）を指しますが、転じてそこから得られるデータも指すようになりました。データを取得するための装置は「テレメーター」と呼びます。

ユーザーテレメトリー

ボタンクリック、セッション時間、クライアントのホストマシンに関する情報などです。このデータを使って、ユーザーがeコマースサイトとどのようにやりとりしているか、あるいはウェブベースのアプリケーションにアクセスしているブラウザバージョンの分布を理解できます。

パフォーマンステレメトリー

これは主にユーザーの行動を分析するために使われるのではなく、システムコンポーネントの動作とパフォーマンスに関する統計情報を運用担当者に提供するものです。パフォーマンスデータは、分散システム内のさまざまなソースから来る可能性があり、原因と結果を結びつける「パンくずリスト」を開発者に提供します。

よりわかりやすく言えば、ユーザーテレメトリーは、eコマースアプリケーションのチェックアウトボタンの上にマウスカーソルをどれだけ置いたか、といったユーザーの動作に関する情報を教えてくれます。パフォーマンステレメトリーでは、チェックアウトボタンが最初にロードされるのにかかった時間や、その間にシステムが利用したプログラムやリソースがわかります。

ユーザーテレメトリーとパフォーマンステレメトリーの下には、異なるタイプのシグナルがあります。**シグナル**はテレメトリーの特定の形式です。イベントログはシグナルの一種です。システムメトリクスは別の種類のシグナルです。継続的なプロファイルは別のシグナルです。これらのシグナルの種類はそれぞれ異なる目的を果たすものであり、実際には互換性がありません。システムメトリクスを見るだけでは、ユーザーインタラクションを構成するすべてのイベントを導き出すことはできませんし、トランザクションログを見るだけではシステム負荷を導き出すことはできません。システム全体を深く理解するためには、何種類ものシグナルが必要です。

各シグナルは2つの部分で構成されています。プログラム自身の中にある**計装**（**インストゥルメンテーション**、テレメトリーデータを発するコード）と、実際の観測が行われる**解析ツール**にネットワーク経由でデータを送るための**伝送システム**です。

テレメトリーと分析は混同されがちですが、データを発信するシステムとデータを分析するシステムは別物であることを理解することが重要です。**テレメトリー**はデータそのものです。**分析**は、そのデータを使って行うことです。

　最後に、テレメトリーと分析を合わせたものが**オブザーバビリティ**になります。この両者を組み合わせて有用なオブザーバビリティシステムを構築する最良の方法を理解することが、本書の目的です。

オブザーバビリティはプラクティス

　オブザーバビリティは、テレメトリーや分析にとどまらず、DevOpsのような組織的プラクティスでもあります。多くの点で、オブザーバビリティは最新のソフトウェア開発プラクティスの基礎となります。それは、継続的インテグレーションや継続的デプロイから、カオスエンジニアリング、開発者の生産性など、私たちが行うことすべてを支えています。オブザーバビリティの情報源は、あなたのチームやソフトウェアと同じくらい広範で多様であり、そのデータを収集、分析し、組織全体の継続的な改善のために使用できます。私たちは、皆さんが本書から、OpenTelemetryをベースとした、ご自分の組織におけるオブザーバビリティの実践を確立するために必要な基礎的な知識を身につけて帰ってくれることを願っています！

1.3　テレメトリーの歴史

　こぼれ話：最初の遠隔診断システムが電信線でデータを送信したことから、**テレメトリー**と呼ばれています。**テレメトリー**という言葉を聞くと、ロケットや1950年代の航空宇宙科学を思い浮かべる人が多いでしょうが、もしそこから始まったのであれば、それは**ラジオメトリー**と呼ばれていたでしょう。テレメトリーが最初に開発されたのは、発電所や公共送電網を監視するためで、それらは初期の、しかし重要な分散型システムでした！

　もちろん、コンピューターのテレメトリーはもっと後になってから登場しました。ユーザーとパフォーマンスのテレメトリーの具体的な歴史は、ソフトウェア操作の変化と、それらのトレンドを長い間牽引してきた増大し続ける処理能力とネットワーク帯域幅に対応しています。コンピューターテレメトリーシグナルがどのように生まれ、どのように進化してきたかを理解することは、現在の限界を理解する上で重要な部分です。

　テレメトリーの最初の、そしてもっとも永続的な形態はログです。**ログ**は、システム

やサービスの状態を記述する、人間が読むことを意図したテキストベースのメッセージ
です。時が経つにつれて、開発者と運用担当者は、全文検索が得意な特別なデータベー
スを作ることによって、これらのログを保存し検索する方法を改善しました。

　ログは、システム内の個々のイベントや瞬間については教えてくれますが、そのシス
テムが時間とともにどのように変化しているかを理解するには、もっと多くのデータが
必要でした。ログは、ストレージデバイスの容量不足のためにファイルが書き込めな
かったことを教えてくれるかもしれませんが、もし利用可能なストレージ容量を追跡し
て、容量不足になる**前**に変更を加えられれば、それは素晴らしいことではないでしょう
か。

　メトリクス（指標）は、システムの状態やリソースの利用状況をコンパクトに統計的
に表現したもので、この仕事にはうってつけのものでした。メトリクスを追加すること
で、エラーや例外だけでなく、データに対するアラートを構築できるようになりました。

　現代のインターネットが軌道に乗るにつれ、システムはより複雑になり、パフォー
マンスがより重要になりました。テレメトリーの第三の形態が追加されました。**分散ト
レース**です。トランザクションがより多くの操作とより多くのマシンにわたるものとな
るにつれ、問題の原因を突き止めることがより重要になりました。トレースシステムは、
個々のイベント（ログ）を見るかわりに、操作全体と、それらがどのように組み合わさ
れてトランザクションを形成しているかを調べました。操作には開始時刻と終了時刻が
あります。また、操作には場所、つまり特定の操作がどのマシンで発生したのかも記
録してあります。これを追跡することで、遅延の原因を特定の操作やマシンにあると突
き止められるようになりました。しかし、リソースの制約から、トレースシステムは大
量にサンプリングされる傾向があり、結局トランザクション総数のごく一部しか記録で
きず、基本的なパフォーマンス分析以上の有用性は限られていました。

1.4　オブザーバビリティの3つのブラウザタブ

　テレメトリーには他にも有用な形がありますが、ログ、メトリクス、トレースという、
これら3つのシステムの優位性が、今日「オブザーバビリティの3本柱」[7]として知られ
る概念につながりました。「3本柱」は、私たちが現在どのようにオブザーバビリティを

---

†7　Cindy Sridharan, "Distributed Systems Observability"（2018年、O'Reilly、https://learning.
oreilly.com/library/view/distributed-systems-observability/9781492033431/）

実践しているかを説明する素晴らしい方法ですが、実際にはテレメトリーシステムを**設計**するにはひどい方法です！

　伝統的に、テレメトリーと分析というオブザーバビリティの各形態は、**図1-1**に記述されているように、完全に独立したサイロ化されたシステムとして構築されてきました。

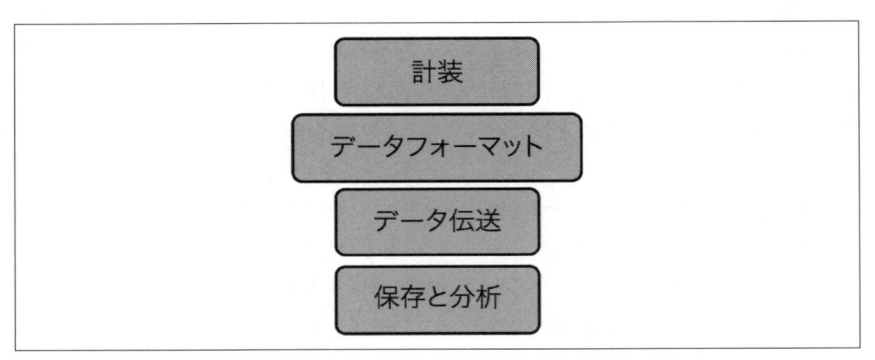

図1-1：オブザーバビリティの柱

　ロギングシステムは、ログ計装、ログ伝送システム、ログ解析ツールから構成されます。メトリクスシステムは、メトリクス計装、メトリクス伝送システム、メトリクス解析ツールから構成されます。トレースも同様であり、**図1-2**に記述されている3つの柱がそれらです。

　これは基本的な**垂直統合**であり、各システムは目的に合わせて構築されています。オブザーバビリティがこのように構築されてきたのは理にかなっています。それらは長い時間をかけて進化してきたもので、それぞれのパーツは必要に応じて追加されてきました。言い換えれば、オブザーバビリティがこのような構造になっているのは、歴史的な偶然以上の理由はありません。ロギングシステムやメトリクスシステムを実装するもっとも単純な方法は、スタンドアローンシステムとして単独で実装することです。

図1-2：オブザーバビリティの3本柱

つまり、「3本柱」という言葉は、伝統的なオブザーバビリティのアーキテクチャを説明するものではありますが、問題でもあります。それは、このアーキテクチャを良いアイデアのように思わせてしまうからです！もちろん、そんなことはありません。生意気な表現かもしれませんが、私は別の言い方のほうが好みです。それは「オブザーバビリティの3つのブラウザタブ」です。なぜなら、それが実際に得られるものだからです。

1.5　新たな複雑性

　私たちのシステムはロギングの問題やメトリクスの問題で構成されているわけではないということが問題です。システムはトランザクションとリソースで構成されています。問題が発生したとき、私たちが変更できるのはこの2つだけです。開発者はトランザクションの実行内容を変更でき、運用担当者は利用可能なリソースを変更できます。それだけです。

　しかし、悪魔は細部に宿ります。単純で孤立したバグが単一のトランザクションに限定されることはあり得ます。そして、ほとんどの本番環境での問題は、多くの同時実行トランザクションが相互作用することから発生します。

　実際のシステムを観察することの大部分は、悪いふるまいのパターンの特定であり、その後、特定のトランザクションのパターンやリソースの消費パターンが、どのようにして引き起こされるのかを推定することです。これは本当に難しいことです！現実の世界でトランザクションとリソースがどのように相互作用するかを予測するのはとても困難です。テストや小規模なデプロイは、このタスクに必ずしも有用なツールではありません。なぜなら、あなたが解決しようとしている問題は、本番環境以外では現れない

からです。これらの問題は、創発的な副作用です。これらは本番環境での物理的な現実と、システムの実際のユーザーとの相互作用の仕方に特有のものです。

　これは困った問題です！明らかに、これらの問題を解決できるかどうかは、システムが本番環境で発するテレメトリーの品質に依存します。

1.6　3本柱は偶然だった

　システムを理解するために、メトリクス、ログ、トレースを確かに使用できます。ログとトレースはトランザクションを構成するイベントを再構築するのに役立ち、メトリクスはリソースの使用状況と可用性を理解するのに役立ちます。

　しかし、有用な観察結果は、データを単独で見ても得られません。単一のデータポイント、あるいは単一のデータ型を見て、創発的なふるまいについて何かを理解することはできません。ログやメトリクスを見るだけでは、問題の根本的な原因を見つけることはほとんどできません。答えを導く手がかりは、これらの異なるデータの流れを**横断**して相関関係を見つけることから得られます。ですから、問題を調査するときには、相関関係を探しながら、ログとメトリクスの間を行ったり来たりすることになりがちです。

　これは、従来の3本柱のアプローチの第一の問題点です。これらのシグナルはすべて、別々のデータサイロに保管されています。このため、トランザクションログの変化のパターンとメトリクスの変化のパターンとの相関関係を自動的に特定できません。そのかわり、3つの別々のブラウザタブを開くことになり、それぞれのタブには必要なものの一部しか含まれていません。

　垂直統合はさらに事態を悪化させます。メトリクス、ログ、トレース間の相関を見つけたいのであれば、システムが発するテレメトリーにこれらの関連性が存在する必要があります。統一されたテレメトリーがなければ、たとえこれらの別々のシグナルを同じデータベースに保存できたとしても、相関関係を信頼できる一貫性のあるものにする重要な識別子が欠落したままになってしまいます。つまり、3本柱は実際には悪い設計なのです！必要なのは統合されたシステムです。

1.7　一束のデータ

　問題に気づいたら、どのようにシステムをトリアージするでしょうか。相関関係を見つけることで行います。どうやって相関関係を見つけるのでしょうか。人間による方法

とコンピューターによる方法があります。

人間による調査

運用担当者は利用可能なすべてのデータに目を通し、現在のシステムのメンタルモデルを構築します。そして頭の中で、すべてのピースがどのように密かにつながっているのかを特定しようとします。このアプローチは精神的に疲れるだけでなく、人間の記憶力の限界にさらされます。考えてみてください。彼らは文字通り、**目玉を使ってくねくねとした線**を見て、相関関係を探しているのです。さらに、組織が大きくなり、システムが複雑になればなるほど、人間の調査は困難になります。必要な知識が世界中に分散している場合、くねった線で見た何かを実用的な洞察に変えることは難しくなります。

コンピューターによる調査

相関関係を見つける2つ目の方法は、コンピューターを使うことです。コンピューターは仮説を立てたり、根本原因を突き止めたりするのは苦手かもしれませんが、相関関係を特定するのは得意です。これは単なる統計数学です。

しかし、裏があります。コンピューターが相関関係を見つけられるのは、**接続された**データの断片からだけです。そして、テレメトリーデータがサイロ化され、構造化されておらず、一貫性がない場合、コンピューターが提供できる支援は非常に限られたものになります。このため、人間の運用担当者は、いまだにメトリクスをスキャンするために目玉を使い、同時にすべての設定ファイルのすべての行を記憶しようとしています。

3本の別々の柱のかわりに、シグナルの三つ編みという新しいメタファーを使ってみましょう。**図1-3**は、質の高いテレメトリーについて私が気に入っている考え方です。私たちはまだ3つの別々のシグナルを持っています。それらを混同することはありません。しかし、シグナルにはタッチポイントがあり、すべてを1つのグラフィカルなデータ構造につなげています。

図1-3：シグナル間の相関を見つけやすくする、シグナルの三つ編み

このようなテレメトリーシステムがあれば、コンピューターはグラフの中を歩き回り、かすかではあるけれど重要なつながりを素早く発見できます。統一されたテレメトリーは、最終的に統一された分析を可能にし、それは、今動いている本番環境に固有の創発的な問題を深く理解するために不可欠です。

そのようなテレメトリーシステムは存在するのでしょうか。存在します。それこそがOpenTelemetryです。

1.8　まとめ

オブザーバビリティの世界は、より良い方向へ変化する過程にあり、その変化の中心は、トレース、メトリクス、ログ、プロファイルなど、あらゆるテレメトリーを横断的に相関させる新たな能力でしょう。相関は、複雑なシステムが拡大し続けるこの世界に対応するために必要なワークフローと自動化を解き放つカギです。

この変化はすでに起こっていますが、移行が完了し、オブザーバビリティ製品がこの新しいデータによって解き放たれるような機能を探求するには、もう少し時間がかかるでしょう。まだ始まったばかりです。しかし、この移行の中心は、新しい種類のデータへのシフトであり、OpenTelemetryは現在、そのデータのソースとして広く合意されているため、OpenTelemetryを理解することは、オブザーバビリティ全般の未来を理解することを意味します。

本書は、OpenTelemetry を学ぶためのガイドです。プロジェクトのウェブサイト（https://opentelemetry.io）にある OpenTelemetry ドキュメントを置き換えるものではありません。かわりに、本書は OpenTelemetry の哲学と設計を説明し、それを効果的に使うための実践的なガイドを提供します。

2章では、OpenTelemetry がもたらす価値と、プロプライエタリな計装をオープンスタンダードに基づいた計装に置き換えることで、あなたの組織がどのような恩恵を受けるかを説明します。

　3章では、OpenTelemetryモデルをより深く掘り下げ、トレース、メトリクス、ログの主要なオブザーバビリティシグナルについて、それらがコンテキストを介してどのようにリンクされているのかについて議論します。

　4章では、OpenTelemetry DemoでOpenTelemetryを実際に触って、そのコンポーネントの概要と、OpenTelemetryがどのようにオブザーバビリティスタックに適合するかを説明します。

　5章では、アプリケーションの計装について掘り下げ、（計装の）すべてが機能し、テレメトリーが高品質であることを確認するチェックリストを提供します。

　6章では、OSSライブラリやサービスの計装について議論し、なぜライブラリのメンテナーがオブザーバビリティを気にする必要があるのかを説明します。

　7章では、ソフトウェアインフラストラクチャ（クラウドプロバイダー、プラットフォーム、データサービス）を観察するための選択肢について見ていきます。

　8章では、OpenTelemetry Collectorを使ってさまざまな種類のオブザーバビリティパイプラインを構築する方法と理由について詳しく説明します。

　9章では、OpenTelemetry を組織全体に展開する方法についてアドバイスします。テレメトリー（特にトレース）はチーム横断的な課題なので、新しいオブザーバビリティシステムを展開するときには、組織的な落とし穴があります。この章では、導入を成功させるための戦略とアドバイスを提供します。

　最後に、付録として、OpenTelemetryプロジェクト自体の構造に関する有用なリソースや、さらなる読み物や他の書籍へのリンクを紹介します。

　もしあなたがOpenTelemetryの初心者なら、最初に4章まで読むことを強くおすすめします。その後は、どの順番で読んでも構いません。あなたが達成しなければならないタスクにもっとも関連性のある節まで、自由に読み飛ばしてください。

2章
なぜOpenTelemetryを使うのか

地図は実際の領土ではない。

アルフレッド・コージブスキー[†1]

これを読んでいるあなたは、ほぼ間違いなくソフトウェアのビジネスに携わっています。あなたの仕事は、コードを書くことでビジネスや人間の問題を解決することかもしれないですし、ソフトウェアやサーバーの巨大なフリート[†2]が高い可用性を持ち、リクエストに応えられるようにすることかもしれません。あるいは、**かつては**それがあなたの仕事で、今は別の種類の技術的な問題に取り組んでいるのかもしれません。たとえばソフトウェアを効率的にリリースし、維持するために、どのように人々を組織し、調整し、動機づけるかといった仕事です。

ソフトウェアそのものは、私たちのグローバル経済にとって不可欠なものです。しかし、それ以上に重要なのは、その開発と維持に携わる人々です。そしてその仕事の規模は非常に大きいものです。現代の開発者や運用チームは、システムの複雑さが際限なく増しているにもかかわらず、より少ないリソースでより多くのことをこなすことを求められています。ドキュメント、志を同じくする仲間、週40時間の勤務時間といったリソースとともに、世界の国内総生産のいくばくかを生み出すシステムを稼働させ続けるのです。

これだけでは不十分だと気づくのにそれほど時間はかかりません。

[†1] "A Non-Aristotelian System and Its Necessity for Rigour in Mathematics and Physics"（Alfred Korzybski、Annual meeting of the American Association for the Advancement of Science, New Orleans, Louisiana, December 28, 1931、https://oreil.ly/YnvRH）

[†2] 翻訳注：フリート（fleet）は元々、海軍で艦船の集団を指す言葉で、そこから派生して一群の何か（ここではソフトウェアやサーバー）を指すものです。

あなたの頭の中で作られるソフトウェアシステムの地図は、必然的に紙の上の地図とはかけ離れていきます。ある時点で何が起きているのかの理解は、システムがどれだけ広大で、どれだけ多くの変化が起きていて、どれだけ多くの人がそれを変えているのかによって、常に制限されます。生成AIのような新しい技術革新は、この観察に鋭い焦点を当てます。これらのコンポーネントは真のブラックボックスであり、その結果がどのようにしてもたらされるのかは、あなたにはほぼわかりません。

テレメトリーとオブザーバビリティは、この理解と現実のギャップに対抗するためのもっとも強力な武器です。1章で説明したように、テレメトリーデータはシステムが何をしているかを教えてくれます。しかし、テレメトリーの現状は持続可能なものではありません。OpenTelemetryは、この現状を打破しようとするものであり、単に**より多く**のデータを提供するのではなく、**より良い**データを、システムを構築し運用する人々や、それらのシステムによって動かされる組織やビジネスのニーズに応えるデータを提供します。

2.1　本番環境の監視: 現状

あなたがソフトウェアの仕事をまったくしていないと仮定してみましょう。あなたの仕事は、成長中の自治体の公共交通システムを管理することです。

交通システムは、最初はごく少数のバスが決まったスケジュールで運行する小規模なものでした。より多くの人々が移り住み、より多くの場所への運行を求めるようになるまでは、これで問題ありませんでした。しかし、さらに企業や工業が進出したことで、突然、地方政府は遠隔地の工業団地への単発の路線や、郊外を結ぶライトレールの建設を命じました。

このシナリオで監視したいことをすべて考えてみましょう。何台の車両が運行されているのか、そしてその車両がどの時点でどこにいるのかを知りたいはずです。限られた資源をより効率的に配分するため、どれだけの人が交通機関を利用しているかを知りたいはずです。また、車両のメンテナンス状況を把握することで、消耗を予測し、緊急修理を回避することもできます。利害関係者によっても、知りたいことや詳細レベルは異なります。市議会は、おそらくすべてのバスのタイヤの溝の状態を知る必要はないでしょうが、メンテナンス担当者は確実に知る必要があります。そしてあなたも、資本的支出を計画するために、知る必要があるかもしれません。

これは大量のデータです！実際、圧倒的なデータ量です。そして最悪なのは、データに**一貫性**がないことです。メンテナンスのデータは、人間が正確に値を書き写し、報告することに依存しています。乗車率のデータは、センサーやチケットの枚数に依存しています。車両統計にはさまざまな種類があり、車両によって同じ種類のデータを異なる方法で報告することもあります。このデータをどのように標準化しますか。どのように分析しますか。必要なデータを確実に収集し、時間の経過とともに収集するデータをどのように変更すれば良いのでしょうか。

この仮説は、ソフトウェアを作り続けている人なら誰でも、なんとなく聞き覚えがあるはずです。すべての本番環境で動作するソフトウェアシステムは、時間をかけて構築された意思決定の組み合わせであり、それらを運用する作業の多くには、データを収集し、正規化し、解釈し、さまざまな目的のためにさまざまな利害関係者に出し分けることが含まれています。開発者は、コード内の特定の問題の位置を正確に指摘するために使用できる、非常に詳細なテレメトリーを必要としています。運用担当者は、何百、何千ものサーバーやノードから、トレンドを発見し、異常値に素早く対応できるように、幅広く集約された情報を必要としています。セキュリティチームは、エンドポイント全体で何百万ものイベントを分析し、不正侵入の可能性を発見する必要があります。ビジネスアナリストは、顧客がどのようにサービスを操作し、パフォーマンスが顧客体験にどのような影響を与えるかを理解する必要があります。ディレクターやリーダーは、作業や支出に優先順位をつけるために、システム全体の健全性を理解する必要があります。

本番環境の監視の現状は、何十ものツールを使ってさまざまなシグナルを、さまざまなフォーマット、さまざまな周期で収集し、それを保存と分析のために送信する、という形になっています。小規模な組織であれば、すべてを単一のデータベースやデータレイクに格納できるかもしれませんが、大規模な組織では、さまざまなアクセス制御を行う多くの保存先が必要となるかもしれません。組織の複雑さが増すと、インシデントの分析と対応が難しくなります。障害の検出、診断、修復に時間がかかるのは、その作業を行う人々が適切なデータを手元に持っていないからです。

2.2　本番環境のデバッグの課題

ほとんどの組織は、ソフトウェアシステムを理解しようとするとき、主に3つの課題

に直面します。解析が必要なデータの量、データの質、そしてデータの組み合わせです。

これらの問題には共通した要素があります。テレメトリーを作成するための普遍的な基準がありません。テレメトリーシグナルは独自に生成されます。高品質のテレメトリーを作成するためには、技術的、組織的な障害があり、既存のシステムには独自の仕事の進め方があります。結果は明らかです。インシデントの検出と修復に時間がかかり[3]、ソフトウェアエンジニアはすぐに燃え尽き[4]、ソフトウェアの品質は低下します。インシデント対応者間でデータを共有することが困難なため、インシデントが数日から数週間に及んだという話を、（非常に大規模な）組織から聞いたことがあります。多くの組織では、特定のAPIが遅い理由や、顧客がファイルをアップロードする際にエラーが発生する理由を発見するため、複数の独立した監視ツールを別々に使って見比べなければならないことも珍しくありません。クラウド、特にKubernetesでは、コンテナがクラスターによって自由に作成・破棄され、収集されていないログも一緒に破棄されてしまうため、このタスクはさらに困難になります。

これをさらに複雑にしているのは、システムが急速に変化している場合、多くのデバッグテクニックは使いにくいということです。ワークロードが実行されるノードは、クラウド環境では時間ごとに、あるいは分単位で変化する可能性があります。遅いノード、ネットワークの設定ミス、特定の状況下でパフォーマンスが低下するコードを発見することは、「コードが実行されている場所」が障害を観測している最中に変わる可能性がある場合、非常に困難です。

この問題に対処するために、システム運用担当者は、ログパーサー、メトリクス収集ルール、その他の複雑なテレメトリーパイプラインのような幅広いツールを採用し、彼らの用途に合わせたテレメトリーデータを収集し、保存し、正規化します。多くの企業は、大規模なマネージドプラットフォームでこのデータを収集する独自のツールを使用していますが、これはトレードオフをともないます。マネージドプラットフォームの

---

[3] 2022年のVOIDレポートには、インシデントの重大性と持続時間の間に関係がないことに関する多くの興味深い洞察が含まれていて、テレメトリーにとって重要なことは、平均応答時間（MTTR）を短縮する利便性ではないという結論に至っています（翻訳注：https://www.thevoid. community/report）。

[4] "Burnout in software engineering: A systematic mapping study"（Tien Rahayu Tulili, Andrea Capiluppi, and Ayushi Rastogi、2023年、Information and Software Technology 155, (March 2023): 107116, https://oreil.ly/d9AMZ）ソフトウェア開発とITにおけるバーンアウトに関する研究をレビューした結果、「仕事の疲弊」が離職のもっとも重要かつ持続的な予測因子の1つであることがわかりました。

コストは非常に高く、高価な移行プロセスを経ても良いと思わない限り、そのプラットフォームの機能から抜け出せません。1つのプラットフォームですべての問題を解決できない場合、（フロントエンドやモバイルクライアントのオブザーバビリティなど）特定の特徴や機能のために、複数のプラットフォーム、またはプラットフォームとポイントソリューションの組み合わせを管理することになるかもしれません。独自のプラットフォームを構築する組織は、多大なコストをかけて独自の計装、収集、ストレージ、可視化レイヤーを作成し、「車輪の再発明」をしなければならなくなります。

業界はどのようにしてこれらの課題を克服するのでしょうか。私たちの哲学は、これらの課題は、高品質で、標準ベースの、一貫性のあるテレメトリーデータの欠如に起因するというものです。もしオブザーバビリティが開発者の生活に変化をもたらすのであれば、Charity Majorsとその共著者が書いているように、「効果的なデバッグに必要なデータを収集する考え方を進化させる必要」なのです[†5]。

2.3 テレメトリーの重要性

本番環境の監視とデバッグの課題を解決するためには、テレメトリーデータへのアプローチを再考する必要があります。1章で述べたメトリクス、ログ、トレースの3本柱ではなく、（それらのシグナルが）織り成す三つ編みが必要です。

しかし、これは実際には何を意味するのでしょうか。この節では、OpenTelemetryが実践しているテレメトリーを統一する3つの特徴について学びます。ハードおよびソフトのコンテキスト、テレメトリーの階層化、そしてセマンティックテレメトリーです。

2.3.1 ハードおよびソフトコンテキスト

コンテキストは、監視とオブザーバビリティの領域において複数の定義がある用語です。これは、文字通りアプリケーション内のコンテキストオブジェクト、またRPCリンク上で渡されるデータ、あるいは、この単語の論理的、言語的な意味を指すことがあります。しかし、実際の意味は、これらの定義の間でかなり一貫しています。コンテ

[†5] "Observability Engineering"（Charity Majors、Liz Fong-Jones、George Miranda著、2022年、O'Reilly、ISBN9781492076445、https://www.oreilly.com/library/view/observability-engineering/9781492076438/、翻訳注: 日本語訳版は『オブザーバビリティ・エンジニアリング』《2023年、オライリー・ジャパン、ISBN9784814400126》です。引用箇所は1章3節の終わりにあります）

キストは、システム操作とテレメトリーとの関係を記述するのに役立つメタデータです。

　大まかに言えば、気になるコンテキストには2種類あり、それらのコンテキストは2つの場所に現れます。コンテキストの種類は、ここでは「ハード」コンテキストと「ソフト」コンテキストと呼ぶことにします。オブザーバビリティフロントエンド[†6]は、これらのコンテキストのさまざまな組み合わせを識別し、サポートできますが、それらがなければ、テレメトリーデータの価値は著しく低下するか、あるいは完全に消えてしまいます。

　ハードコンテキストは、分散アプリケーションのサービスが、同じリクエストの一部である他のサービスに伝搬（プロパゲーション）できる、リクエストごとの一意な識別子です。この基本的なモデルは、ウェブクライアントからロードバランサーを経由してAPIサーバーに送られる1つのリクエストであり、APIサーバーはデータベースを読み込むために別のサービスの関数を呼び出し、計算された値をクライアントに返します（**図2-1**参照）。これはリクエストの**論理コンテキスト**と呼ばれることもあります（システムとエンドユーザー間の望ましい単一の操作に対応するため）。

　ソフトコンテキストは、各テレメトリー計装が、同じリクエストを処理するさまざまなサービスやインフラストラクチャからの測定値に付加するメタデータのさまざまな部分です。たとえば、顧客識別子、リクエストを処理したロードバランサーのホスト名、テレメトリーデータのタイムスタンプなどです（これも**図2-1**に描かれています）。ハードコンテキストとソフトコンテキストの重要な違いは、ハードコンテキストは、因果関係を持つ測定値を直接かつ明示的にリンクするのに対し、ソフトコンテキストは、そうなる可能性は**あります**が、**保証はされない**、ということです。

　コンテキストがなければ、テレメトリーの価値は著しく低下します。なぜなら、測定値を相互に関連づける機能が失われるからです。コンテキストを追加すればするほど、有用な洞察を得るためのデータの調査が容易になります。特に、分散システムに同時実行トランザクションが増えるほどその効果が上がります。

---

†6　翻訳注：「オブザーバビリティフロントエンド」は、オブザーバビリティシステムを特にダッシュボードなどのインターフェイス側に注目した呼称です。面白いことに「オブザーバビリティバックエンド」も同様にオブザーバビリティシステムを指しますが、この場合送信されたテレメトリーデータの処理基盤を意識して呼んでいることが多いです。

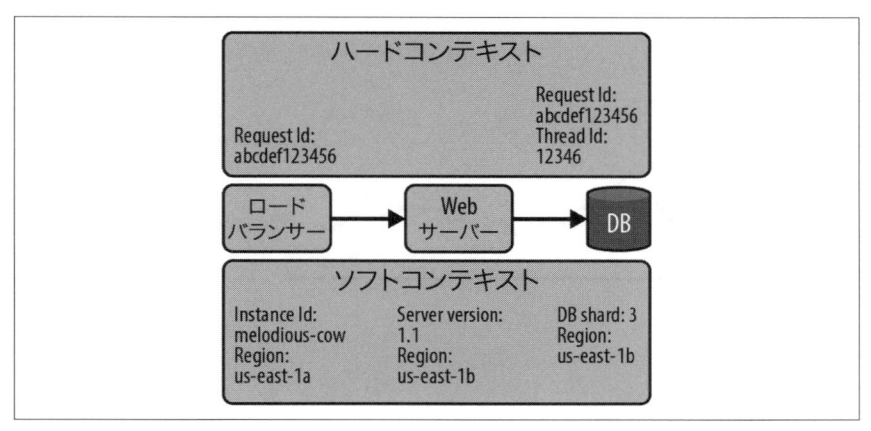

図2-1：ウェブアプリケーションが発する「ハード」なコンテキストと「ソフト」なコンテキスト

　並行性の低いシステムでは、ソフトコンテキストはシステムの動作を説明するのに適しているかもしれません。しかし、複雑さと並行性が増すと、人間の運用担当者はすぐにデータポイントに圧倒され、テレメトリーの価値はゼロになります。ソフトコンテキストの価値を**図2-2**で確認できます。ここでは、特定のエンドポイントの平均レイテンシーを見ても、根本的な問題についての有用な手がかりはあまり得られませんが、コンテキスト（顧客属性）を追加することで、ユーザーが直面している問題を素早く特定できます。

　監視でもっともよく使われるソフトコンテキストは時間です。差異を発見したり、原因と結果を相関させたりするための、試行錯誤の末に確立された方法の1つは、複数の異なる機器やデータソースにまたがる複数のタイムウィンドウを整列させ、その出力を視覚的に解釈することです。繰り返しになりますが、複雑さが増すにつれて、この方法は効果的でなくなります。伝統的に、運用担当者は、データセットから実際に有用な結果を見つけられる十分に狭いレンズを特定するまで、「ズームインとズームアウト」を繰り返しながら、さらにソフトコンテキストを重ねることを余儀なくされます。

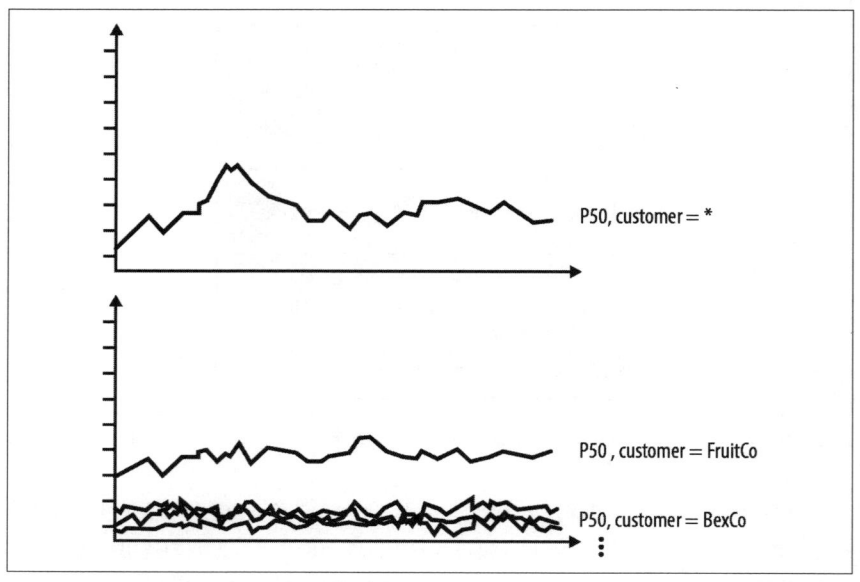

図2-2：APIエンドポイントの平均待ち時間を示す時系列メトリクス。上のグラフは平均（P50）
レイテンシーをプロットしたもので、下のグラフは単一グループごとでのコンテキストを
適用したもの。全体的な平均が高くなっているのは、FruitCoという1つの異常値がある
ためであることがわかる

　一方、ハードコンテキストは、この探索プロセスを劇的に単純化できます。ハードコ
ンテキストは、たとえば、トレース内の個々のスパンが一緒にリンクされていることを
保証するといった、個々のテレメトリーと同じ種類の他の測定値との関連づけを可能に
するだけでなく、**異なる種類の計装同士の紐づけ**も可能にします。たとえば、メトリク
スをトレースに関連づけたり、ログをスパンにリンクさせられます。ハードコンテキス
トの存在は、人間の運用担当者がシステム内の異常な動作の調査に費やす時間を劇的
に減らせます。ハードコンテキストは、**サービスマップ**やシステム内の関係図など、特
定の視覚化を構築する際にも役立ちます。**図2-3**では、システム内の各サービスが、そ
れが通信する他のサービスと視覚的にリンクされています。このような関係をソフトコ
ンテキストだけで識別するのは難しく、通常は人間の介在が必要です。

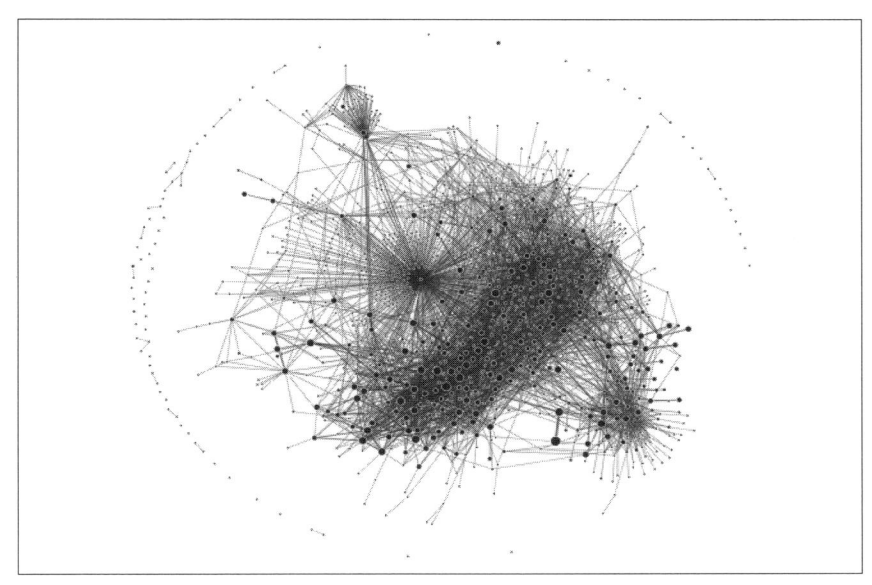

図2-3：Uberによる大規模なマイクロサービスシステムマップ。"Introducing Domain-Oriented Microservice Architecture"（2020年7月23日、Uber Blog https://oreil.ly/FNb43）より。このスクリーンショット（2018年半ばに取得）は、サービスとその関係を示している。このようなダイアグラムは、分散トレースによって提供されるハードコンテキストを使うことで可能

　要約すると**ハードコンテキスト**は、サービスとシグナル間の関係を定義することで、システムの全体的な形状を定義します。**ソフトコンテキスト**は、特定のシグナルが何を表しているかを説明するのに役立つ、テレメトリーシグナル間の一意なディメンション（次元）の作成を可能にします。

　本書の後の方でその「方法」について解説しますが、OpenTelemetryは、すべてのシグナルにハードとソフトの両方のコンテキストを提供するように、ゼロから設計されています。今のところ、これらのコンテキストは、統一されたテレメトリーを作成するためにとても重要であることを覚えておいてください。

2.3.2　テレメトリーの階層化

　テレメトリーシグナルは一般的に変換可能です。一例として、Cloudflareのようなコンテンツデリバリーネットワーク（CDN）は、HTTPステータスコード別に分類されたリクエストのレートを表示し、ウェブサイトのパフォーマンスメトリクスでいっぱいの

ダッシュボードを提供します。この基礎となるデータは、時系列メトリクスに変換され
たログ情報です。

　これは、ほとんどの監視ツールやオブザーバビリティツールではかなり一般的な手法
ですが、欠点もあります。このような変換には、リソース（CPU とメモリを消費する）
と時間（データの一部を変換すればするほど、結果の測定値が利用できるようになるま
でに時間がかかる）の両方でコストがかかります。また、変換や解析のルールを管理・
維持する時間的コストもかかります。これは単純明快なトイルであり、本番環境で何が
起きているのかへの理解を困難にします。多くの場合、アラートが鳴り始める前に、シ
ステムがユーザーにとって何分間も障害になることがあります。これはシステムがテレ
メトリーシグナルを非効率的に使用しているからです。

　より良い解決策は、アプリケーションログのような単一の「濃い」シグナルを他の形
に変えようとするのではなく、テレメトリーシグナルを**レイヤー化**し、それらを補完的
に使うことです。特定の抽象化されたレイヤーでアプリケーションとシステムのふるま
いを計測するために、よりカスタマイズされた計装を使用し、コンテキストを通してそ
れらのシグナルをリンクし、これらの重複するシグナルから**正しい**データを得るために
テレメトリーをレイヤー化します。そして、それを適切で効率的な方法で記録・保存で
きます。そのようなデータは、あなたが持っていることさえ気づかなかったシステムに
ついての質問にも答えられます。**図2-4**に示すように、テレメトリーをレイヤー化する
ことで、システムをより良く理解し、モデル化できます。

　OpenTelemetry は、このコンセプトを念頭に構築されています。シグナルはハード
コンテキストを通じて互いにリンクされます。たとえば、メトリクスは、特定の測定値
を特定のトレースにリンクする**イグザンプラー**を付加できます。ログもまた、処理され
る際にトレースコンテキストに関連づけられます。これは、スループット、アラートし
きい値、サービスレベル目標（SLO）およびサービスレベル合意（SLA）などの要因に基
づいて、どのような種類のデータを出力および保存するかについて、より適切な決定を
下せるということです。

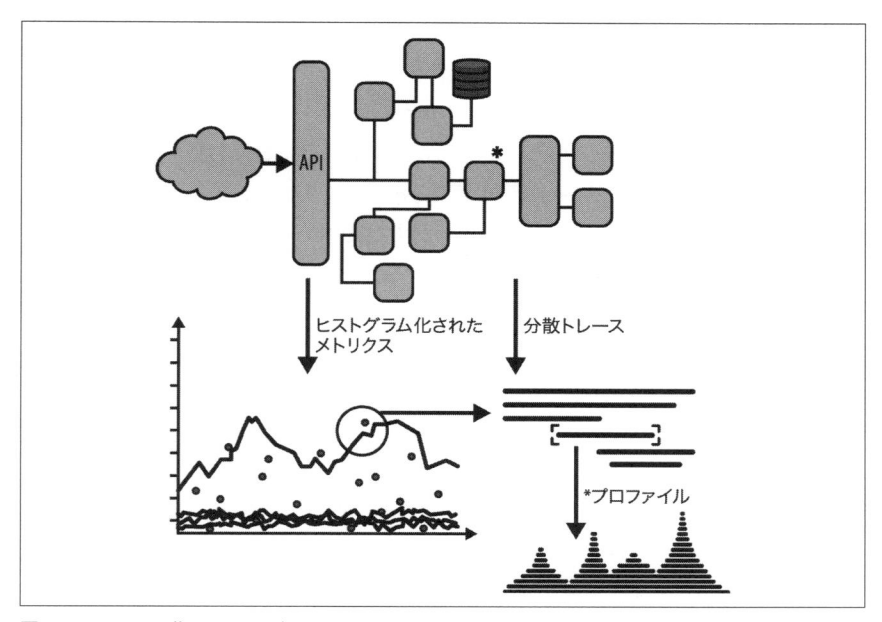

図2-4：レイヤー化されたシグナルの図。ヒストグラムは API のレイテンシーを、特定のトレース
に紐づいたイグザンプラー付きで計測している。これらのトレースは、コンポーネントや
関数レベルでの洞察を得るためのプロファイルやログに紐づいている。

2.3.3　セマンティックテレメトリー

　監視は受動的な行為です。オブザーバビリティは能動的な実践です。システムの領
域を分析し、コードやドキュメントのような目に見える部分に頼るのではなく、本番で
実際にどのように動作し、どのように実行されるかを理解するためには、テレメトリー
データに基づく受動的なダッシュボードやアラート以上のものが必要です。

　高度にコンテキストを持ってレイヤー化されたテレメトリーでさえ、オブザーバビリ
ティを達成するにはそれだけでは不十分です。そのデータをどこかに保存し、能動的
に分析する必要があります。テレメトリーを効果的に消費する能力は、ストレージ、ネッ
トワーク帯域幅、テレメトリー作成のオーバーヘッド（実際にシグナルを作成し送信す
るためにどれだけのメモリや CPU を使用するか）、分析コスト、アラート評価レートな
ど、多くの要因によって制限されます。さらに単刀直入に言えば、ソフトウェアシステ
ムを理解する能力は、最終的にはコスト最適化能力の実践です。システムを理解する

ために、あなたはどれだけの出費を許容できますか。

この事実は、既存の監視手法にとって大きな痛手となります。テレメトリーに付加されるメタデータの量は、そのテレメトリーの保存とクエリーのコストを増加させるため、開発者はしばしば提供できるコンテキストの量に制限を受けます。加えて、異なるシグナルは、しばしば異なる目的のために複数回分析されます。一例として、HTTPアクセスログは、あるサーバーのパフォーマンスに関する良いデータソースです。また、本番システムへの不正アクセスや不正使用を監視するセキュリティチームにとっても重要な情報です。つまり、データは複数の目的のために、複数のツールで、複数回処理されなければなりません。

この章の前半で述べたように、開発者は通常、インターフェイスやクエリーのセマンティクスが異なる複数のツールを渡り歩き、同じデータでも表現が異なるものを扱いながら、保存にコストがかかりすぎるという理由で必要なものが捨てられていないことを祈ることになります。

OpenTelemetry は、ポータブルでセマンティックなテレメトリーによって、この状況を変えようとしています。**ポータブル**とは、どのオブザーバビリティフロントエンドでも使えるという意味で、**セマンティック**とは、自己記述的という意味です。たとえば、OpenTelemetryのメトリクスポイントは、メトリクスの粒度と、それぞれのユニークな属性の説明をフロントエンドに伝えるメタデータを含んでいます。フロントエンドはこれを使用して、メトリクスのクエリーをより良く視覚化し、測定値の名前だけでなく、それが実際に何を計測しているのかを検索できます。

基本的に、OpenTelemetry はシステムを理解するための進化的なステップです。これは、概念としてのオブザーバビリティを定義し、統一するための過去20年間の作業の、多くの意味での集大成です。業界として、私たちは意味のある標準を実装したり定義したりするよりも早くイノベーションを起こしてきました。OpenTelemetryはそのやり方を変えます。これらを念頭に置いて、OpenTelemetryが開発者、運用担当者、組織のために解決する問題について話しましょう。

2.4　人々は何を必要としているのか

テレメトリーとオブザーバビリティには多くの利害関係者がいます。グループや個人によって、オブザーバビリティシステムに対する要求は異なるでしょうし、テレメトリー

データ自体に対する要求も異なるのは当然です。OpenTelemetry はどのようにして、これらの広範でしばしば競合する利害を満たすことができるのでしょうか。

この節では、OpenTelemetry が開発者や運用担当者、そしてチームや組織にとってどのようなメリットがあるかについて説明します。

2.4.1 開発者と運用担当者

ソフトウェアを構築し、運用する人々は、オブザーバビリティデータが高品質であること、高度にコンテキストがあること、高度に相関していること、そしてレイヤー化されていることなどを必要としています。テレメトリーは、後から追加するものではなく、ビルトインである必要があり、一貫してユビキタス（多くのソースから入手可能）である必要があります。そして、多くの言語、ランタイム、クラウドなどで一貫した方法で、ビルトインのテレメトリーを変更したり、新しいテレメトリーを追加したりして、テレメトリーを変更できる必要があります。

今日、開発者はこのテレメトリーデータを作成するために計装ライブラリを使用しており、Log4j、StatsD、Prometheus、Zipkin のように、よく知られた多くの選択肢があります。プロプライエタリなツールもまた、一般的なフレームワーク、ライブラリ、データベースなどのためのビルトインの統合とともに、独自の計装 API とソフトウェア開発キット（SDK）を提供しています。

結局のところ、これらの計装ライブラリとフォーマットは、開発者と運用担当者にとって非常に重要です。なぜなら、テレメトリーによってシステムをどのように、そしてどの程度うまくモデル化できるかを定義するからです。計装ライブラリの選択はシステムのオブザーバビリティの効率を制限してしまう可能性があります。もし適切なシグナルを、適切なコンテキストとセマンティクスで発することができなければ、特定の質問に答えることができないかもしれません。開発者がオブザーバビリティを学ぶ際に直面する最大の課題の1つは、誰もが他の人とは**少し**異なる方法でオブザーバビリティを行っているということです。強力で集中化されたプラットフォームエンジニアリングと内部ツールチームがある組織は、強力でよく統合された計装ライブラリやテレメトリーを提供するかもしれませんが、多くはそうではありません。

オブザーバビリティの動機となる問題の1つは、システムが大きすぎて複雑なため、人が頭で考えて理解するのが難しいということです。確かに、大規模で複雑なソフトウェアシステムは常に存在してきました。しかし、現在本当に異なっているのは、変化

の速度と、その結果としての人間の理解の喪失です。ゆっくりとしたペースの世界では、アプリケーションの微妙なニュアンスや、それがどのように組み合わされているかを理解する人たちがいました。彼らは**品質保証（QA）**と呼ばれていました。時が経つにつれ、より多くの組織が伝統的な QA プロセスを捨て、継続的インテグレーション（CI）と継続的デリバリー（CD）に置き換えるにつれ、人々がシステムの「形」を吸収することが難しくなってきました。スピードが上がれば上がるほど、それがなぜ起きているのかを説明する、ユビキタスで高品質なテレメトリーが必要になってきます。

　計装ライブラリと高品質のテレメトリーだけでなく、運用担当者にはテレメトリーデータの収集と処理を支援するツールの豊富なエコシステムが必要です。毎日、数ペタバイトにもなるログ、メトリクス、トレースを生成する場合、シグナルを見つけるためにノイズをカットする方法が必要です！保存して後で目を通すには単純にデータが多すぎるし、そのデータのほとんどはおそらくあまり興味深いものではありません。そのため、運用担当者は、開発者とともにシステムの信頼性と回復力を確保できるように、さまざまなシグナルを生成できる計装と、重要でないものをフィルタリングするのに役立つツールに頼っています。

2.4.2　チームと組織

　オブザーバビリティは開発者だけのものではありません。その利害関係者には、セキュリティアナリスト、プロジェクトマネージャー、経営幹部も含まれます。彼らは同じデータについて異なる解像度での異なるビューを必要とするかもしれませんが、それでもオブザーバビリティはあらゆる組織の脅威対策、ビジネスプランニング、そして全体的な健全性にとってきわめて重要な部分です。

　これらは「ビジネス」のニーズと考えることもできますが、それ以上のものです。誰もが次のような恩恵を受けています。

- ベンダーロックインを防ぐオープンスタンダード
- 標準データフォーマットとワイヤープロトコル
- 構成可能で、拡張性があり、十分に文書化された計装ライブラリとツール

　予測可能性はほとんどの組織にとって魅力的です！効率と引き換えに、リスク（ほとんどのビジネスがもっとも好まない言葉）を減らします。革新的なプラクティスでリスクを取るのは良いですが、「アプリケーションが稼働しているかどうかを知ること」にリ

スクを取るのはあまり良くありません。したがって、組織とそのオブザーバビリティの
ニーズにとって、標準はふさわしいものです。

　標準ベースのアプローチには多くの利点があります。**保守性**はその一例で、オープ
ンなフォーマットを採用することは、開発者やチームのトレーニング機会が増えること
を意味します。新しいエンジニアが、カスタムのインハウスソリューションに徐々に取
り込まれていくのではなく、オープンスタンダードを使用した計装方法に関する知識を
構築し、その知識はどこでも活かせます。これにより、既存の計装を維持する能力が
向上するだけでなく、新しい開発者をチームの生産的なメンバーとして迎え入れられま
す。

　オープンスタンダードはリスクが少ないだけでなく、将来性もあります。2021 年から
2023 年にかけて、業界では統合、買収、オブザーバビリティ製品の失敗が大小さまざ
まに繰り返されました。過去 20 年の間に、私たちは複数のメトリクスフォーマットが作
成され、一般化されるのを目の当たりにしてきました。

　単に「あればいい」だけではありません。プロプライエタリソリューションに全面的
に依存することの欠点は、がんばって事例を探さなくてもすぐに見つかります。オープ
ンスタンダードとオープンソースは、オブザーバビリティの実践を評価し、構築する上
で不可欠です。Coinbase は 2022 年に Datadog に 6500 万ドルを費やしました！（https://
oreil.ly/606GK）その価値がなかったとは言いませんが、その費用は**膨大**です。

　組織にとって最後の重要な要素は、互換性です。新しいものに切り替えるために、
既存の（機能的な）計装を取り払うことはまずないでしょうし、より大きな価値が得ら
れるのでなければ、ほとんどの場合、そうするのは賢明ではありません。この点に関し
て、厳密なルールはあまりありません。ですから、必要なのは、新旧の橋渡しをする能
力、すでにあるものを維持しながら新しいやり方を採用する能力、そして、既存のテレ
メトリーを標準フォーマットに「レベルアップ」する能力です。

2.5　なぜ OpenTelemetry を使うのか

　このような多くの利害関係者の要求をすべて考慮した上で、OpenTelemetry が
理想的なソリューションである理由は何でしょうか。もっとも高いレベルでは、
OpenTelemetry は、他にはない 2 つの基本的価値を提供します。

2.5.1　ユニバーサルスタンダード

　OpenTelemetry は、オブザーバビリティにおける現状に内在する問題を解決します。OpenTelemetry は、高品質でユビキタスなテレメトリーを作成する方法を提供します。OpenTelemetry は、このテレメトリーを表現し、どのオブザーバビリティフロントエンドにも伝送できる標準的な方法を提供し、ベンダーのロックインを排除します。テレメトリーをクラウドネイティブソフトウェアのビルトイン機能にしようとしており、多くの点でこの目標を達成しています。この記事を書いている時点で、3 つの主要なクラウドプロバイダー（Amazon、Microsoft、Google Cloud）すべてが OpenTelemetry をサポートし、標準化に向けて動いています。すべての主要なオブザーバビリティプラットフォームとツールは、何らかの形で OpenTelemetry データを受け入れています。毎月、より多くのライブラリとフレームワークが OpenTelemetry を採用しています。

　OpenTelemetry は、テレメトリーが真にコモディティとなる未来を予見し、その未来を現実にするために努力しています。OpenTelemetry が築き上げる未来とは、すべてのソフトウェアが、水面下で豊富なテレメトリーデータのストリームを作り出し、それを利用し、オブザーバビリティの目標に基づいて必要なものを選べるような世界です。それは単なる新しい標準ではありません。現時点では避けられないものであり、あなたが採用しなければならないものなのです。

2.5.2　相関されたデータ

　OpenTelemetry は、単に以前のプラクティスを成文化したものではありません。この分野を前進させるために、次世代のオブザーバビリティツールは、運用担当者がシステムを調査する際に実行するワークフローを効果的にモデル化する必要があります。また、そうでなければ直感的に理解することが難しいかもしれない相関関係を表面化するために、機械学習を採用する必要があります。

　スムーズなワークフローと高品質な相関は、すべてのテレメトリーが規則化され、相互接続されて初めて実現します。OpenTelemetry は、同じ場所に放り込まれたトレース、メトリクス、ログの山ではありません。これらの断片はすべて同じデータ構造の一部であり、時系列でシステム全体を記述する 1 つのグラフに連結されています。

2.6　まとめ

　この章では、本番環境の監視の課題と、テレメトリーデータに対する開発者、組織、オブザーバビリティツールのニーズについて述べてきました。これが、なぜOpenTelemetryを使うべきかの動機づけとなる根拠です。

　さて、ここまで**なぜ**について述べてきましたが、本書の残りの部分では、**どのように**うまくOpenTelemetryを採用できるかを取り上げます。まず、OpenTelemetryのコードとコンポーネントのツアーと概要を説明し、それから、3つの主要なオブザーバビリティシグナル（トレース、メトリクス、ログ）について深く掘り下げ、OpenTelemetryのデータフォーマットについてより詳しく説明します。

3章
OpenTelemetry概要

複雑さを伝えることはできない。できるのはそれを意識することだけだ。

アラン・パリス[1]

OpenTelemetryには、最新のテレメトリーシステムを作るために必要なものがすべて含まれています。OpenTelemetryを理解するためには、クラウドネイティブソフトウェアだけでなく、より大きな商用およびオープンソースのオブザーバビリティ市場の展望にどのように適合するかを知る必要があります。

OpenTelemetryは2つの大きな問題を解決します。第一に、開発者に、彼らのコードにビルトインされた、ネイティブな計装のための単一のソリューションを提供します。第二に、計装とテレメトリーデータが、オブザーバビリティエコシステム全体と広く互換性を持つことを可能にします。

これらの問題には十分な共通点があり、事実上同じ課題です。この文脈での**ビルトインされた**（あるいは**ネイティブな**）**計装**とは、ライブラリ、サービス、マネージドシステム、あるいは同様のものが、アプリケーションコードから直接、他のシグナルとリンクされたさまざまなテレメトリーシグナルを生成することを意味します。

共通のAPIやSDKだけでなく、「名詞と動詞」のセット、つまり物事が何を意味するのか（**セマンティクス**とも呼ばれる）に関する定義の共通セットを使用して、データを作成したり処理したりできる必要があります。これは、シグナル間で一貫した属性を持つということだけではありません。テレメトリーを相関させるためには、一貫した属性

---

[1] "Epigrams on Programming"（Alan J. Perlis、1982年、SIGPLAN Notices 17, no. 9 (September 1982): 7–13）

とラベルが必要です[†2]。真のネイティブ計装とは、**セマンティックに正確な**計装を持つことです。

　OpenTelemetryを学ぶには、単にスパンを作成したりSDKを初期化したりすること以上に知る必要があります。シグナル、コンテキスト、規約、そしてそれらがどのように組み合わされているかを理解する必要があります。詳細については5章から8章で説明しますが、まずはOpenTelemetryがこれらの部品をまとめるために使っているモデルを理解することから始めましょう。**図3-1**はこのモデルをもっとも高いレベルで示しています。

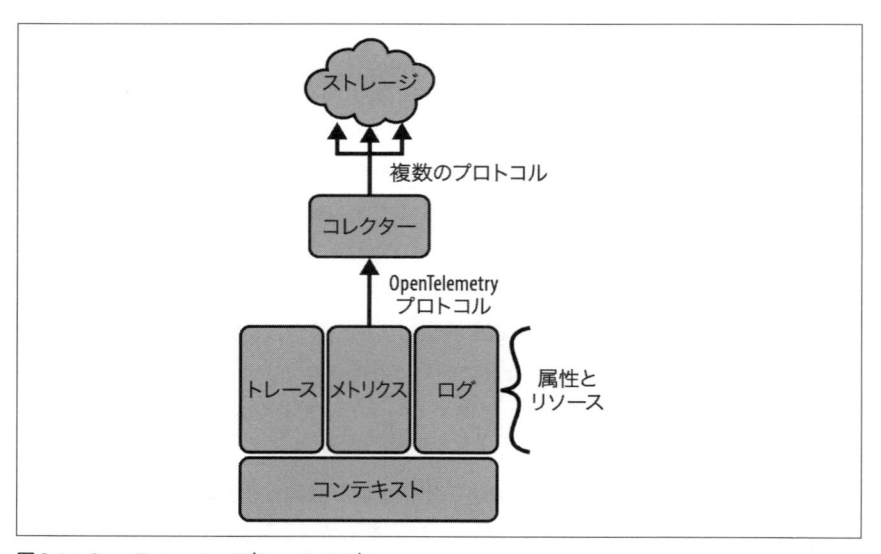

図3-1：OpenTelemetryの高レベルモデル

　この章ではこれ以降、このモデルの各コンポーネントを掘り下げていきます。まず、OpenTelemetryが生成するシグナルの種類、これらのシグナルを束ねるコンテキスト、そしてさまざまな種類のライブラリとソフトウェアコンポーネントをモデル化するために使用される属性と規約から始めます。そして、これらのシグナルをすべて、保存と解析のためのオブザーバビリティツールに送るパイプラインの作成に使用されるプロトコルとサービスを見ていきます。最後に、OpenTelemetryの安定性と将来性へのコミッ

---

†2　翻訳注：詳細は「3.2.3 セマンティック規約」で解説されています。

トメントについて簡単に触れます。

3.1 主要なオブザーバビリティシグナル

1章で言及したように、計装はサービスやシステムにオブザーバビリティコードを追加するプロセスです。大まかに言って、これを実行する方法は2つあります。1つ目は、サービスやライブラリに直接テレメトリーコードを追加する「ホワイトボックス」アプローチで、2つ目は、直接コードを変更することなくテレメトリーを生成するために外部のエージェントやライブラリを利用する「ブラックボックス」アプローチです。どちらの場合も、あなたの目的は、1つ以上の**シグナル**、つまり、プロセスで何が起こっているかについての生データを生成することです。OpenTelemetry は、3つの主要なシグナル、すなわち、トレース、メトリクス、ログを対象にしています[†3]。これらのシグナルは、おおよそ重要度の高い順に並んでいます。その重要性は、次の目標からきています。

- 実際の本番データとサービス間通信を使用して、システム内のサービス間の関係をキャプチャする
- サービスが何をしているのか、どこで実行されているのかについて、一貫性のある記述的なメタデータでサービステレメトリーに注釈をつける
- 任意の測定値グループ間の関係を定義的に特定する。基本的には「これは、あれと同時に起こった」という情報
- システムで発生したイベントの正確なカウントと計測を効率的に行う。たとえば、発生したリクエストの数や、完了するまでに100ミリ秒から150ミリ秒かかったリクエストの数など

大企業では、さまざまなサービスの量や重要度を列挙するような単純なタスクでさ

---

†3 OpenTelemetryは現在、セッションとプロファイルのサポートの追加に取り組んでいます。セッションは、ウェブやモバイルクライアントで継続的なクライアントセッションを表すために使用されるシグナルで、**プロファイル**は、行レベルのパフォーマンスデータに使用されるスタックトレースとメトリクスのセットです（翻訳注：2024年9月現在、セマンティック規約にはセッションに関する項目がExperimentalとして採用されており、セッションの扱いに関する仕様は策定中です《https://github.com/open-telemetry/opentelemetry-specification/issues/4198》。プロファイルに関してはデータフォーマットがOTEP 239として採択され、protoファイルも実装されました《https://github.com/open-telemetry/opentelemetry-proto/pull/534》。この仕様に基づいたeBPFベースのプロファイルエージェントがElastic社より寄贈されました《https://github.com/open-telemetry/community/issues/1918》）。

え、その実行に膨大なコストがかかります。クラウドネイティブアーキテクチャの複雑さにより、一時的かつ動的な作業が大量に実行されることから、中小企業も同様の課題に悩まされ始めています。OpenTelemetryは、クラウドネイティブアーキテクチャのために、これらの疑問に答え、これらのタスクを実行するのに必要な構成要素を提供するように設計されています。つまりOpenTelemetryは、クラウドネイティブソフトウェアにセマンティックに正確な計装を提供することに焦点を当てています。

3つの主要なシグナルについて順番に説明しましょう。

3.1.1　トレース

トレースとは、分散システムにおける作業をモデル化する方法です[†4]。よく定義されたスキーマにしたがったログ文の集合と考えられます。**図3-2**に示すように、システム内の各サービスによって行われた作業は、ハードコンテキストを通してリンクされています。トレースは分散システムのオブザーバビリティの基本的なシグナルです。各トレースは、与えられたトランザクションの関連するログの集まりで、**スパン**と呼ばれます。各スパンにはさまざまなフィールドが含まれています[†5]。構造化ログに慣れているのであれば、トレースは共有識別子を通して相関するログの集合と考えられます。

しかし、構造化ログとトレースの違いは、トレースがクラウドネイティブな分散システム全体に普及している、リクエスト/レスポンストランザクションのための非常に強力なオブザーバビリティシグナルであるということです。たとえば、トレースにはいくつかのセマンティックな利点があり、オブザーバビリティシグナルとして価値があります。

- 単一のトレースは、分散システムを介した単一のトランザクション、またはジャーニーを表します。このため、トレースはエンドユーザー体験をモデル化する最良の方法となります。なぜなら、1つのトレースはシステムを通して1人のユーザーのパスに対応するからです
- トレースのグループは、他の方法では見つけることが難しいパフォーマンス特性を

[†4]　翻訳注：ここでのトレースは分散トレース（distributed trace）を指しています。元来は指定された期間のOS上のプロセスのシステムコールやシグナルを追跡する行為としてトレースがあり、それとは区別して分散システム内でのプロセスの処理を追跡する行為を分散トレースと呼んでいました。クラウドネイティブの文脈では、後者のことを単にトレースと呼ぶことが多々あります。

[†5]　これらのフィールドの完全な分解とその目的については、OpenTelemetry仕様（OpenTelemetry Specifications、https://opentelemetry.io/docs/specs/）を参照してください。

発見するために、複数のディメンションにわたって集約できます

- トレースはメトリクスなどの他のシグナルに変換でき、主要なパフォーマンス情報を失うことなく、生データのダウンサンプリングを可能にします。言い換えれば、1つのトレースには、1つのリクエストの「ゴールデンシグナル」（レイテンシー、トラフィック、エラー、サチュレーション）を計算するために必要なすべての情報が含まれています

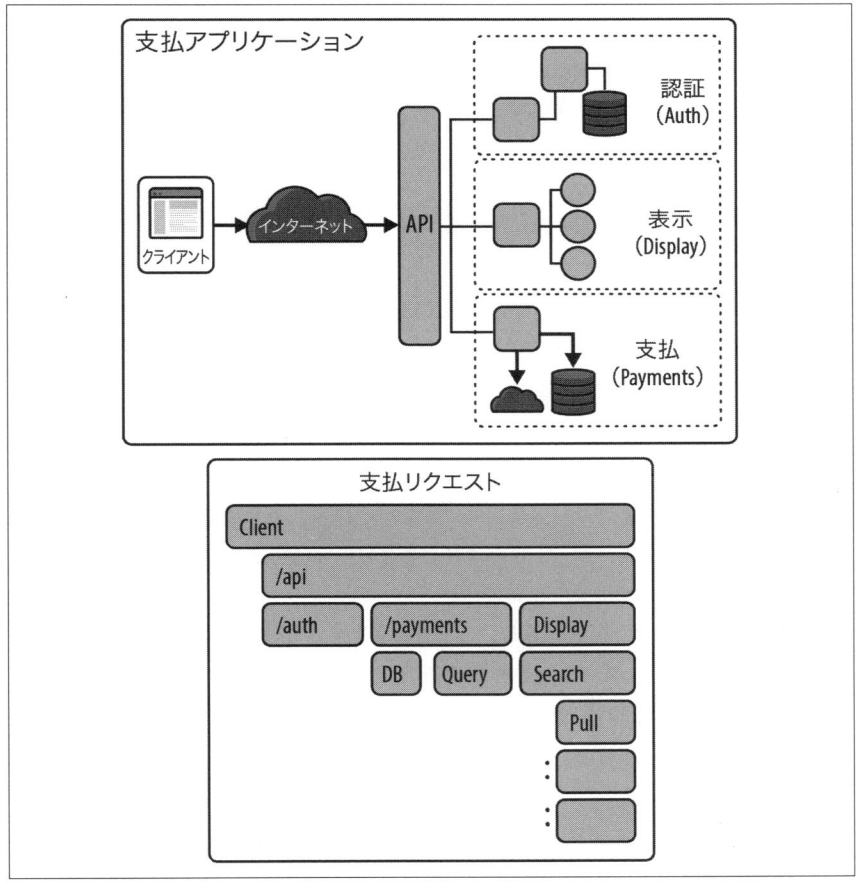

図3-2：店舗用の基本的な決済アプリケーション。下のトレースは、支払いリクエストについて記述している

ゴールデンシグナル
ゴールデンシグナルとは、『SRE サイトリライアビリティエンジニアリング』（https://oreil.ly/aw2iQ）で定義されているように、システムで取るべき4つの重要な測定値です。**レイテンシー**はリクエストの処理にかかる時間、**トラフィック**はリクエストの数、**エラー**はリクエストの失敗率、そして**サチュレーション**はシステムリソースの利用率の指標です。

トレースはトランザクションのオブザーバビリティの中核です。分散システムのパフォーマンス、健全性、そして本番環境での挙動を理解するための最良の方法です。しかし、システムを計測する唯一の方法ではなく、オブザーバビリティには複数のシグナルを混ぜ合わせる必要があります。それを念頭に置いて、もっとも普及しているシグナルの1つであるメトリクスについて説明しましょう。

3.1.2　メトリクス

メトリクスとは、システムに同時ログインしているユーザー数、デバイスで使用されているディスク容量、仮想マシン（VM）で使用可能なRAM容量など、システムの状態を数値で計測・記録したものです。作成と保存が安価なため、システムの「全体像」を正確に計測するのに便利です。

メトリクスは、システム全体の健全性を理解しようとする開発者にとって、しばしば最初に必要とされるものです。メトリクスはどこにでもあり、高速で、その割には安価です。しかし、従来のメトリクスにはいくつかの課題があります。それは、あるメトリクスと特定のエンドユーザートランザクションを正確に関連づけることは難しく、場合によっては不可能です。また、特にサードパーティーのライブラリやフレームワークで定義されている場合、変更が難しいこともあります。このため、2つの類似したメトリクスに、どのように、あるいはいつ物事を報告するかにおいての一貫性がない場合、課題が生じます。私たちは、運用担当者やオブザーバビリティチームと話すことで、メトリクスのコストと複雑さをコントロールすることが、彼らの主な課題の1つであることを知っています。

OpenTelemetryでは、メトリクスは3つの主要な目標をサポートするように設計されています。

- 開発者は、コード内で重要かつセマンティクス的に意味のあるイベントを定義し、

それらのイベントがどのようにメトリクスシグナルに変換されるかを指定できるようにすべきです

- 運用担当者は、これらのメトリクスの時間または属性を集約または再集約することによって、コスト、データ量、および解像度を制御できるべきです
- 変換は、測定値の本質的な意味を変えてはなりません

例として、画像を処理するサービスを通して、受信リクエストのサイズを計測したいとします。OpenTelemetryは、メトリクス計装を通して、このサイズをバイト単位で記録することを可能にします。そして、これらのイベントに集約を適用します。たとえば、ある時間ウィンドウで記録された最大サイズを決定したり、ある属性の総バイト数を得るためにそれらを足し合わせたりします。これらのストリームは、その後、他のOpenTelemetryコンポーネントにエクスポートされ、そこで、たとえば、属性の追加や削除、あるいは、時間ウィンドウの変更によって、測定値の意味を変えることなく、さらに変更できます。

新しく理解することがたくさんあるように思えるかもしれませんが、重要なポイントは次の通りです。

- OpenTelemetryのメトリクスは、オブザーバビリティのパイプラインやフロントエンドが、インテリジェントにメトリクスストリームを検索し、視覚化するために利用できるセマンティックな意味を含んでいます
- OpenTelemetryのメトリクスは、ハードとソフト両方のコンテキストを通して他のシグナルとリンクでき、コスト管理や他の目的のためにテレメトリーシグナルを階層化できます
- OpenTelemetryのメトリクスは、複雑な設定なしにStatsDとPrometheusをサポートするので、既存のメトリクスシグナルを OpenTelemetry のエコシステムにマッピングできます

イグザンプラー
OpenTelemetry のメトリクスには、**イグザンプラー**として知られる特別な種類のハードコンテキストがあり、イベントを特定のスパンやトレースにリンクできます。5章では、これらのメトリクスを作成し、アプリケーションで使用する方法について説明します。

3.1.3 ログ

ログは決定的に主要なシグナルであり、最後に取り上げるのは意外かもしれません。結局のところ、ログは、その使いやすさのために、どこにでもあるものです。ログは、コンピューターが何をしているかを教えてもらうための、最小公倍数の方法なのです。OpenTelemetryのログサポートは、車輪の再発明を試みるのではなく、使い慣れた既存のロギングAPIをサポートすることに重点を置いています。

とはいえ、既存のロギングソリューションの、他のオブザーバビリティシグナルとの結合は弱い結合です。ログデータをトレースまたはメトリクスに関連づけることは、通常、相関関係によって達成されます。これらの相関は、(「09:30:25 と 09:31:07の間に何が起こったか」のように) 時間ウィンドウを揃えるか、共有属性を比較することによって実行されます。因果関係を発見するために、統一されたメタデータを含めたり、ログシグナルをトレースやメトリクスとリンクさせたりする標準的な方法はありません。クラウドネイティブアーキテクチャで一般的な分散システムでは、システム内の異なるコンポーネントから収集され、しばしば異なるツールに集中管理されるログのセットが、激しくばらばらになることがよくあります。

基本的に、OpenTelemetryモデルは、ログ文にトレースコンテキストで情報を追加し、同時に記録されたメトリクスやトレースへのリンクを持つことで、このシグナルを統一しようとするものです。より平易に言えば、OpenTelemetryは、アプリケーションコード内の既存のログ文を取り込み、既存のコンテキストがあるかどうかを確認し、もしあれば、ログ文がそのコンテキストに確実に関連づけられるようにします。

オブザーバビリティにおけるログの役割について疑問に思う読者もいるでしょう。伝統的に、ログは有用性という点でトレースと同じ「精神的空間」を占めていますが、ログの方がより柔軟で使いやすいと認識されています。OpenTelemetryでは、ログを使う主な理由は4つあります。

- レガシーコード、メインフレーム、その他の記録システムなど、トレースできないサービスからシグナルを取り出す
- マネージドデータベースやロードバランサーなどのインフラストラクチャリソースをアプリケーションイベントと関連づける
- cron ジョブやその他の反復的でオンデマンドな作業など、ユーザーのリクエストに結びつかないシステムの動作を理解する

- メトリクスやトレースなど、他のシグナルに加工する

これもまた、ログパイプラインの作成とセットアップ方法については、後の章で詳しく説明します。次に、OpenTelemetryの各シグナルがどのようにハードコンテキストとソフトコンテキストでリンクされるのか、そして、オブザーバビリティコンテキストについて紹介します。

3.2 オブザーバビリティコンテキスト

これまで、**属性**、**リソース**など、いくつかの考え方を紹介しました。これらはすべて、あるレベルでは同じもの、つまりはメタデータです。しかし、それらの違いと共通点を理解することは、OpenTelemetryを学ぶ上でとても重要なことです。論理的に、これらはすべてコンテキストの一形態です。

シグナルが何らかの測定値やデータポイントを与えてくれる場合、そのデータを適切なものにするのはコンテキストです。2章の交通システムの例を思い出してください。街全体で何人の人がバスを待っているかを知ることは有用ですが、その人たちがどこで待っているかという**コンテキスト**がなければ、どこにバスを増やす必要があるかを理解するのは不可能でしょう。

OpenTelemetryのコンテキストには基本となる3つの種類があります。時刻、属性、そしてコンテキストオブジェクト自身です。時刻は説明不要でしょう。次にそれ以外について説明します。

しかし、いつ何かが起こったのか

時刻はイベントを順序付けるとても論理的な方法のように思えますが、分散システムでのテレメトリーを考えると信じられないほど信頼できません。スレッドの一時停止、リソースの枯渇、デバイスのスリープ／スリープ解除の動作、ネットワーク接続の喪失など、さまざまな要因によって時計はずれて、不正確になる可能性があります。単一のJavaScriptプロセスでさえ、システムクロックは1時間の間に最大で100ミリ秒の精度で狂う可能性があります。これは、トレース内のコール間の関係や共有属性など、特定のコンテキストがたいへん有用である多くの理由の1つです。

3.2.1　コンテキストレイヤー

　前述したように、コンテキストはテレメトリーシステムに不可欠な要素です。OpenTelemetryコンテキスト仕様（OpenTelemetry Context Specification、https://oreil.ly/XXX4L）は、この観点からすると、見かけによらずシンプルに見えます。（抽象度の）高いレベルで、仕様は**コンテキスト**を「APIの境界を越えて、論理的に関連づけられた実行ユニット間で実行スコープの値を運ぶ伝搬メカニズム」と定義しています（**実行ユニット**（https://oreil.ly/2TvZA）とは、スレッド、コルーチン、または言語内の他のシーケンシャルなコード実行構造体のことです）。言い換えると、コンテキストは、パイプを通じて同じコンピューター上で実行されている2つのサービス間、リモートプロシージャコールを通じて異なるサーバー間、または単一のプロセス内の異なるスレッド間などのギャップを越えて情報を伝達します（**図3-3**）。

　コンテキストレイヤーの目的は、既存のコンテキストマネージャー（Goの`context.Context`、Javaの`ThreadLocals`、Pythonのコンテキストマネージャーなど）か、他の適切なキャリアにクリーンなインターフェイスを提供することです。重要なのは、コンテキストが必須であることと、1つ以上のプロパゲーターを保持していることです。

　プロパゲーター（https://oreil.ly/zYaig）は、あるプロセスから次のプロセスへ実際に値を送る手段です。リクエストが始まると、OpenTelemetryは登録されたプロパゲーターに基づいて、そのリクエストの一意な識別子を作成します。この識別子はコンテキストに追加され、シリアライズされ、次のサービスに送られます[†6]。

　バゲッジ
　プロパゲーターはリクエストのハードコンテキスト（W3C Trace Context など）を運びますが、**バゲッジ（Baggage）**や**ソフトコンテキスト値**として知られているものも運べます。バゲッジは、他のシグナル（たとえば、顧客IDやセッションID）に付けたい特定の値 を、そのシグナルが生成された場所からシステムの他の部分に転送することを意図しています。バゲッジは一度追加されると削除できず、外部システムにも送信されるため、そこに入れるものには注意が必要です！

[†6]　翻訳注：OpenTelemetryセマンティック規約 v1.21.0以降、Elastic Common Schemaとの統合が大きく進んでいます。https://github.com/open-telemetry/semantic-conventions/blob/main/CHANGELOG.md

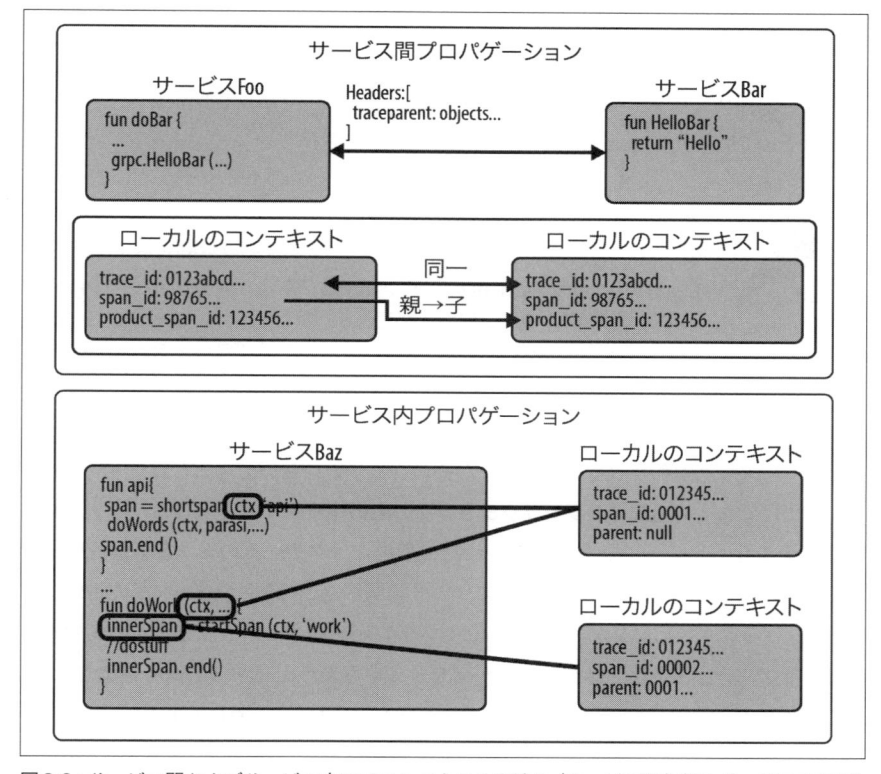

図3-3：サービス間およびサービス内でのコンテキストの流れ（サービス間伝搬とサービス内伝搬）

これは、OpenTelemetryのハードコンテキストの基礎を形成します。OpenTelemetry
のトレースが有効になっているサービスは、そのサービスで行われている作業を表すテ
レメトリーデータを作成するために、トレースコンテキストを作成し、使用します。さ
らに、OpenTelemetryは、このコンテキストを、メトリクスやログのような他のテレメ
トリーシグナルと関連づけることができます。

しかし、OpenTelemetryが提供できるコンテキストの種類はこれだけではありませ
ん。プロジェクトは、テレメトリーシグナルに適用できる一貫性のある明確なメタデー
タのセットを作成するために、さまざまなセマンティック規約（https://oreil.ly/lmRoT）
を維持管理しています。これらの規約は、標準的なディメンションでの分析を可能にし、
データの後処理や正規化の必要性を減らします。これらのセマンティクスは、メタデー

タ（サーバーのホスト名、IPアドレス、クラウドのリージョンなどのリソースを表すもの）から、HTTPルート、サーバーレス実行環境情報、PubSubメッセージングキューの方向性に関する特定の命名規則まで多岐にわたります。OpenTelemetryプロジェクトのサイトにサンプル（https://oreil.ly/otelex）があります。

> **標準のマージ**
> 2023年4月、OpenTelemetryとElasticはElastic Common Schemaと OpenTelemetry Semantic Conventions の統合を発表しました（https:// oreil.ly/Q_EAi）。このプロセスが完了すれば、テレメトリーメタデータの 競合する標準は少なくなり、クラウドネイティブスペースにおける標準 化努力の価値を示す素晴らしい例となるでしょう[†7]。

　セマンティック規約プロセスの目的は、分散システムにおいて与えられたトランザクションだけでなく、実際の**トランザクションそのもの**を動かす基礎となるリソースを正確にモデル化し、記述できる標準化された代表的なメタデータのセットを作成することです。この章でセマンティック計装について説明したことを思い出してください。トレース、メトリクス、ログが、どのようにシステムが機能するかを記述する動詞であるなら、セマンティック規約はシステムが何をしているかを記述する名詞を提供します。このトピックについては「3.2.3 セマンティック規約」で詳しく説明します。

3.2.2　属性とリソース

　OpenTelemetryが発するテレメトリーは、すべて属性を持っています。他の監視システムでは**フィールド**や**タグ**と呼ばれているのを聞いたことがあるかもしれません。これらの属性はメタデータの一形態で、テレメトリーの断片が何を表しているかを教えてくれます。簡単に言うと、**属性**はキーと値のペアで、テレメトリーの一部分の興味深い、または有用なディメンションを記述します。属性は、システムで何が起こっているかを理解しようとする場合に、フィルタリングしたり、グループ化したりするものです。

　交通システムに話を戻しましょう。どれだけの人がこの交通システムを利用しているかを計測するのであれば、一日の利用者数という単一の量しかありません。属性は、

---

† 7　OpenTelemetry は W3C Trace Context（https://www.w3.org/TR/trace-context）を RPC や他の サービス間のデフォルトのプロパゲーターとして使いますが、B3 Trace Context や AWS X-Ray の ような他のオプションもサポートしています。

その測定値に有用なディメンションを与えます。たとえば、誰かが利用している交通機関の形態や、出発した駅、あるいは名前のような一意な識別子などです。このような属性があれば、何人が乗車しているかだけしか知らない場合にはわからない、実に興味深い調査ができます！どの交通手段がもっとも人気があるのか、あるいは特定の駅が混雑しているのかがわかります。明らかに一意な属性があれば、乗車率を時系列で追跡し、興味深い利用パターンがあるかどうかを調べることも可能です。

同様に、分散システムを調査する場合、ワークロードのリージョンやゾーン、サービスが実行されている特定のポッドやノード、リクエストが発行された顧客や組織、キュー上のメッセージのトピックIDやシャードなど、さまざまなディメンションを考慮したいと思うかもしれません。

OpenTelemetryの属性には、いくつかの簡単な要件があります。与えられた属性キーは、単一の文字列、ブール値、浮動小数点数、符号つき整数値を指すことができます。また、型が同じで同種の値の配列を指すこともできます。**属性キー**は重複できないので、これは覚えておくべき重要なことです。1つのキーに複数の値を割り当てたい場合は、配列を使用する必要があります。

属性は無限ではないので、異なる種類のテレメトリーに使用する場合は注意が必要です。OpenTelemetryの既定値では、どのテレメトリーも128以上の一意な属性を持てませんが、その値の長さに制限はありません。

これらの要件には2つの理由があります。第一に、属性を作成したり割り当てたりするのは自由ではありません。OpenTelemetry SDKは各属性にメモリを割り当てる必要があり、予期しない動作やコードエラーが発生した場合に、誤ってメモリ不足になることがあります（ちなみに、このようなクラッシュは、何が起こっているかについてのテレメトリーも失ってしまうので、診断するのが非常に困難です）。第二に、メトリクス計装に属性を追加する場合、時系列データベースに送信する際に、**カーディナリティ爆発**として知られるものをすぐに引き起こす可能性があります。

図3-4に示すように、メトリクス名と属性値の一意な組み合わせごとに、新しい時系列が作成されます。したがって、数千または数百万の値を持つ属性を作成すると、作成される時系列の数が指数関数的に増加し、メトリクスバックエンドでリソースの枯渇やクラッシュを引き起こす可能性があります。シグナルの種類に関係なく、属性は各ポイントまたはレコードに固有です。スパン、ログ、ポイントごとに何千もの属性があると、テレメトリーの作成、処理、エクスポート時に、メモリだけでなく、帯域幅、ストレー

ジ、CPU 使用率もすぐに膨れ上がってしまいます。

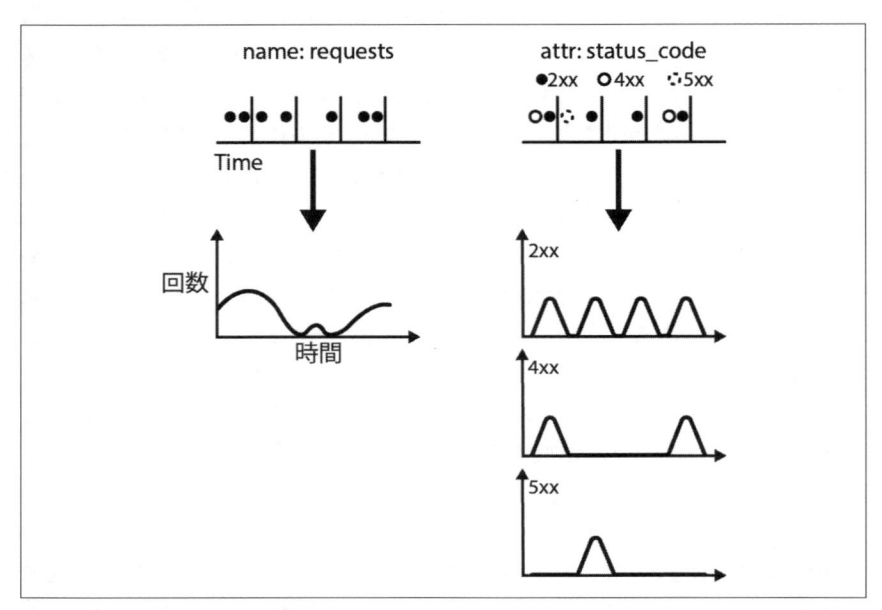

図3-4：カーディナリティの動作。メトリクスに属性を追加すると、属性値の組み合わせごとに一意の時系列が作成される。この例では、status_code のカーディナリティは3であるため、時系列は3つしかない。もし customer_id のような何千、何百万ものバリエーションを持つ属性を追加した場合、何千、何百万もの時系列になる！

　属性のカーディナリティを管理するには、2つの方法があります。1つ目は、オブザーバビリティパイプライン、ビュー、その他のツールを使って、メトリクス、トレース、ログが出力され、処理される際に、カーディナリティを減らすことです。OpenTelemetryは、特にメトリクスの場合、このユースケースのために特別に設計されています。この方法については5章と6章で詳しく説明します。

　さらに、カーディナリティの高いメトリクスから属性を省略し、かわりにスパンやログでそれらのキーを使用することもできます。一般に、スパンとログは、これまで述べてきたようなカーディナリティの爆発に悩まされることはなく、一般に、これらのシグナルの1つが何を表すかについて、より構造化されたメタデータを持つのはとても良いことです！データについてはるかに興味深い問いを立てられ、サービスのために正確で説明的なカスタム属性を作成することにより、システムで何が起こっているのかについ

て本当にセマンティックな理解ができるようになります。

OpenTelemetryは、**リソース**と呼ばれる特別な種類の属性も定義しています。属性とリソースの違いは簡単です。属性はリクエストごとに変わることがありますが、リソースはプロセスの全期間を通じて同じままです。たとえば、サーバーのホスト名はリソース属性ですが、顧客IDはリソース属性ではありません。リソース属性の作成については5章と6章で詳しく説明します。

3.2.3 セマンティック規約

数年前、PrometheusとOpenTelemetryのメンテナーがミーティングをしていたとき、とあるPrometheusメンテナーがこう口にしました。「他のことはよくわからないけど、このセマンティック規約はここしばらくでもっとも価値のあるものだよ」ちょっとバカバカしく聞こえるかもしれませんが、それもまた事実です。

システム運用担当者は、属性のキーや値、そしてそれらが表すものが、複数のクラウドやアプリケーションのランタイム、ハードウェアアーキテクチャ、フレームワークやライブラリのバージョンにまたがって**同じもの**であることを保証するためだけに、かなりの量のトイルを強いられます。OpenTelemetryセマンティック規約（OpenTelemetry Semantic Conventions、https://oreil.ly/semconv）は、この一貫した摩擦のポイントを取り除き、よく知られた、明確に定義された単一の属性キーと値のセットを開発者に提供するように設計されています。この原稿を書いている時点で、これらの規約は安定版に向けて作業が進められています。実際、あなたがこれを読む頃には、これらの多くが安定していることを期待しています。

セマンティック規約には主に2つのソースがあります。最初のソースは、プロジェクト自身が記述し、リリースする規約のセットです。これらの規約は、他のOpenTelemetryコンポーネントとは独立してバージョニングされていて、各バージョンには、検証や変換のルールを列挙したスキーマが含まれています（詳しくは、この章で後述する「互換性と将来性」を参照してください）。これらのスキーマは、クラウドネイティブソフトウェアで一般的なリソースや概念をカバーするように設計されています。たとえば、例外のセマンティック規約は、例外とスタックトレースをスパンやログに記録する方法を定義します。このセマンティックデータをサポートするユーザーインターフェイスを作成できるため、計装コードやオブザーバビリティフロントエンドを書く開発者にとって便利です。

　もう1つの規約のソースは、プラットフォームチームやその他の内部ソースです。OpenTelemetryは拡張と組み合わせが可能なので、あなたの技術スタックやサービスに特有の属性や値を含むセマンティック規約ライブラリを自分で実装できます。テレメトリーデータがチーム間で一貫した属性を持つことを保証するツールを提供できるので、これは中央集権的なオブザーバビリティチームを持つ組織にとって、非常に有益です。これはまた、説明に数ページを要するテレメトリースキーマのコンセプトを活用して、内部スキーマの変更にともなう移行手段を提供できるということでもあります。これにより、内部プラットフォームのメンテナーにかかる負担が軽減されます。何ページにも及ぶ書き換えルールや正規表現のかわりに、ビルトインのOpenTelemetry関数を使って移行できるのです。

　サードパーティーのライブラリやフレームワークの開発者もまた、セマンティック規約から利益を得ています。セマンティック規約によって、サードパーティーはソフトウェアと一緒に「オブザーバビリティをリリース」でき、ユーザーに監視やアラートのための明確な属性を与えられます。将来的には、OpenSLO（https://openslo.com）やOpenFeature（https://openfeature.dev）のような、OpenTelemetryデータを横断するアラート、ダッシュボード、クエリーを定義するためのオープンスタンダードをユーザーに提供して、同様に規約に沿った作業が増えることを期待しています。

3.3　OpenTelemetry プロトコル

　OpenTelemetryのもっともエキサイティングな特徴の1つは、オブザーバビリティデータのための標準データフォーマットとプロトコルを提供することです。OpenTelemetry Protocol（OTLP、https://oreil.ly/Ad6TE）は、エージェント、サービス、バックエンド間で送信されるテレメトリーのための、よくサポートされた単一のワイヤーフォーマット（データがどのようにメモリに保存されるか、またはネットワークを介して送信されるか）を提供します。バイナリとテキストベースのエンコーディングの両方で送受信でき、CPUとメモリの使用量を少なくすることを目的としています。実際には、OTLPはさまざまなテレメトリーの生産者と消費者に大きなメリットを提供しま

す[†8]。

テレメトリーの生産者は、既存のテレメトリーエクスポートフォーマット同士の間にある薄い翻訳レイヤーを通してOTLPをターゲットにでき、膨大な数の既存システムと互換性を持たせられます。AWS Kinesis Streamsを通したOTLP（https://oreil.ly/Bb6CY）や、OpenTelemetry Collectorのcontribレシーバー（https://oreil.ly/aMsdQ）[†9]のように、この種の統合は現在何百も存在しています。加えて、この変換は既存の属性を、指定されたセマンティック規約へと再マッピングでき、新旧のデータ間の一貫性を保証します。

テレメトリーの消費者は、OTLPを何十ものオープンソースや商用のツール（https://oreil.ly/zpH7T）とともに使用でき、プロプライエタリなロックインから解放されます。OTLPはフラットファイルやカラム型データストア、あるいはKafkaのようなイベントキューにエクスポートすることもでき、テレメトリーデータとオブザーバビリティパイプラインのほぼ無限のカスタマイズを可能にします。

最後に、OTLPはOpenTelemetryプロジェクトの生きた一部です。新しいシグナルはアップデートが必要ですが、OTLPはレガシーなレシーバーやエクスポーターとの後方互換性を保っているので、投資が無駄になることはありません。新しい特徴や機能を利用するためには、データフォーマットのアップグレードが必要になるかもしれませんが、OTLPのテレメトリーはあなたの解析ツールとの互換性を保っているので心配ありません。

3.4　互換性と将来性

OpenTelemetryの基盤は、2つのポイントで構築されています。標準ベースのコンテキストと規約、そして普遍的なデータフォーマットです。今後、新しいシグナル、新しい機能が登場し、そしてツールやクライアントのエコシステムは成長することでしょう。では、どのようにして最新の情報を入手し、どのようにして変化に対応できるのでしょうか。

[†8] OTLPについての詳しい説明とProtocol Bufferのリファレンスは、GitHubのOpenTelemetryプロトコルページを参照してください（翻訳注：公式ページに概要と該当するGitHubへのリンクがあります。https://opentelemetry.io/docs/specs/otlp/）。

[†9] 翻訳注：OpenTelemetryではコア機能以外のコンポーネントはすべてcontribリポジトリにあり、そこでホストされているコンポーネントをcontribコンポーネントと呼ばれることがあります。

　プロジェクトは、バージョニングと安定性に関する厳格なガイド（https://oreil.ly/ssE1H）を考案しました。要するに、OpenTelemetry v2.0は決して**存在しません**。すべてのアップデートはv1.0のラインに沿って継続され、非推奨や変更があるかもしれませんが、それらは公表されたタイムラインにしたがって行われます。**図3-5**に長期サポートのガイドラインを示します。

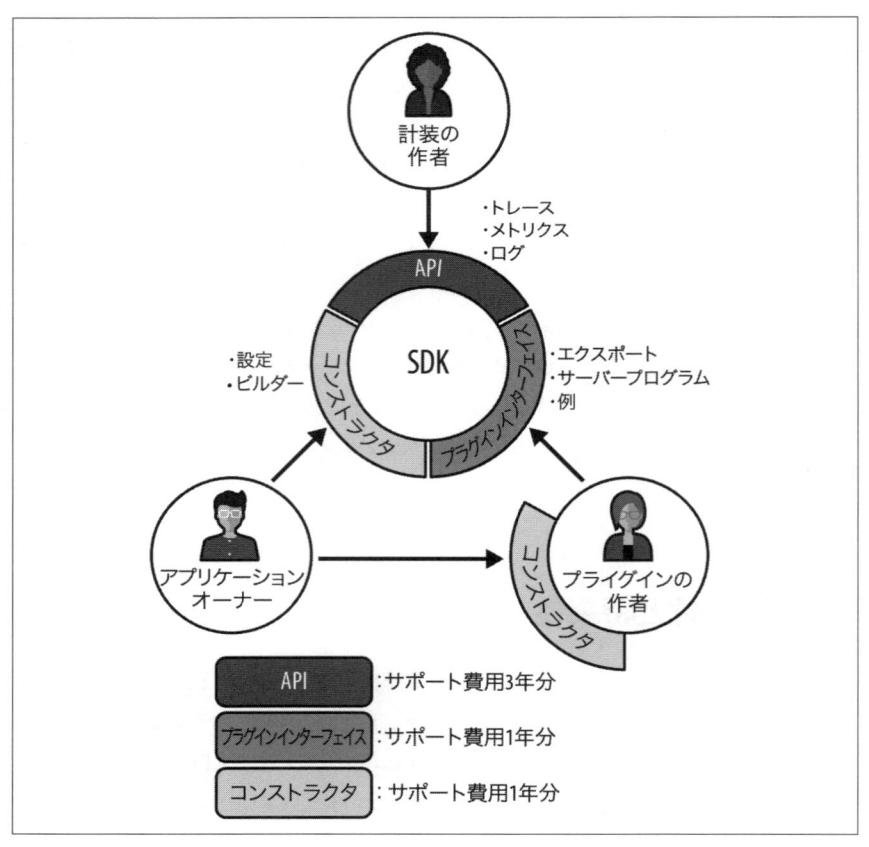

図3-5：OpenTelemetryの長期サポート保証

　OpenTelemetryは、テレメトリーの消費者と生産者が、時間の経過にともなうセマンティック規約の変更に対処できるように、テレメトリースキーマの概念を持っています。スキーマを意識した解析ツールやストレージバックエンドを構築したり、

OpenTelemetry Collectorにスキーマ変換を依存することで、既存のサービスからの出力を再計装、再定義することなく、セマンティック規約の変更（と解析ツールでの関連サポート）による恩恵を受けられます（**図3-6**参照）。

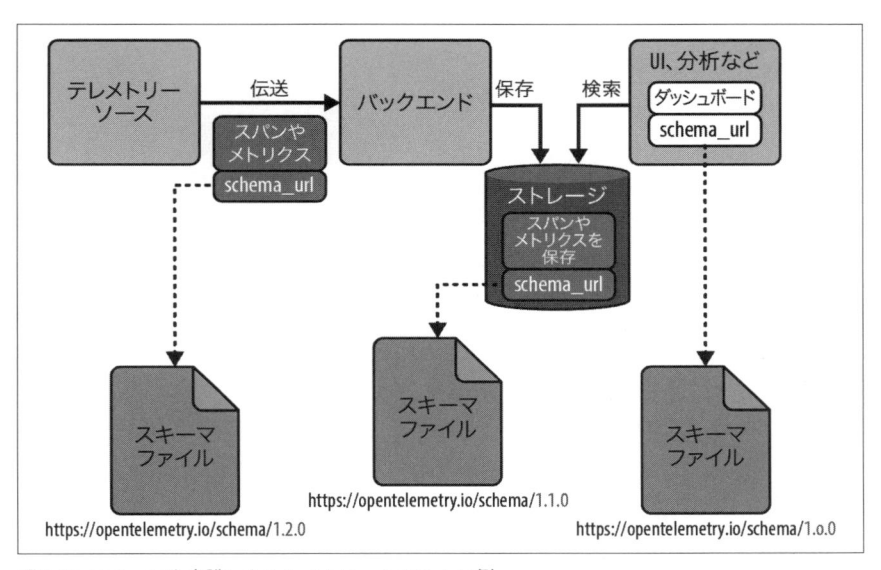

図3-6：スキーマを意識したテレメトリーシステムの例

3.5 まとめ

　安定性とシームレスなアップグレードパスを提供するという努力の結果、OpenTelemetryは、テレメトリーシステムの標準化を目指す大規模組織や、既存のツールの限界に制約を感じている開発者や運用担当者が直面する課題に対処する上で、他には替えがたいほど適しています。あなたが、趣味のプロジェクトに取り組んでいる一人のエンジニアであろうと、監視とオブザーバビリティのための数年にわたる戦略を構築している、Fortune 10に挙げられるような企業であろうと、OpenTelemetry は、「どのログ／メトリクス／トレースライブラリを使うべきか」という質問に対して、明確で明白な答えを提供できます。

4章
OpenTelemetryの
アーキテクチャ

虫取りが、最初にプログラムを書くことと比べて2倍も大変だということは、だれでも知っている。プログラムを書く段階で精一杯がんばって技巧を凝らしてしまったら、虫取りはどんな風にやったら良いのかわからない。

ブライアン・カーニハン、P・J・プロージャー[1]

OpenTelemetryは3種類のコンポーネントで構成されています。アプリケーションに実装される計装、Kubernetesのようなインフラストラクチャ用のエクスポーター、そしてこのすべてのテレメトリーをストレージシステムに送るためのパイプラインコンポーネントです。これらのコンポーネントがどのように接続されているかは**図4-1**で確認できます。

この章では、OpenTelemetryを構成するすべてのコンポーネントの高レベルな概要を説明します。その後、OpenTelemetry Demoのアプリケーションの中身を確認し、コンポーネントがどのように組み合わされているかを見ていきます。

---

[1] "The Elements of Programming Style, 2nd ed." (Brian W. Kernighan and P. J. Plauger、1978年、McGraw-Hill、ISBN9780070342071、翻訳注: 日本語訳版は『プログラム書法』《1982年、共立出版、ISBN9784320020856》です。引用文の日本語訳も当該の訳書より引用しました)。

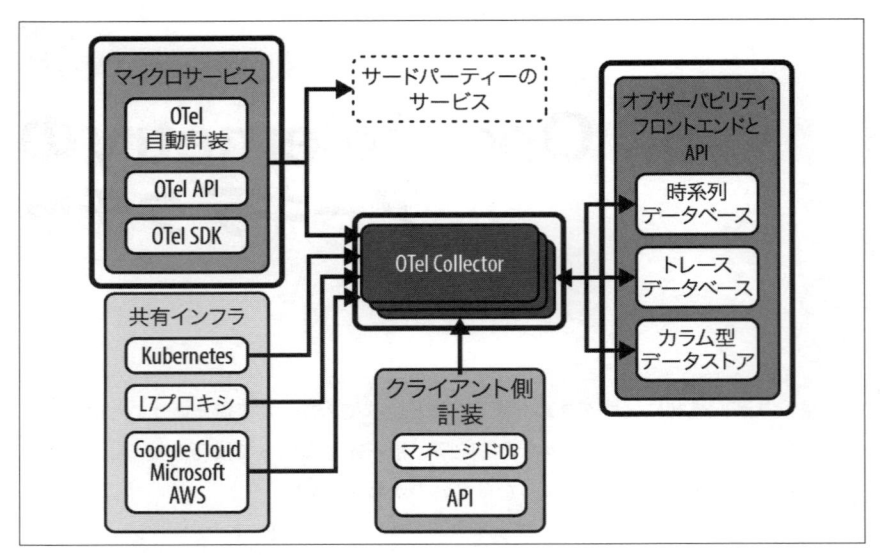

図4-1：OpenTelemetry と分析コンポーネントの関係

4.1 アプリケーションテレメトリー

テレメトリーのもっとも重要なソースはアプリケーションです。つまり、OpenTelemetryを正しく動作させるためには、**すべて**のアプリケーションに実装する必要があります。エージェントを使って自動的にインストールしても、コードを書いて手動で実装しても、導入するコンポーネントは同じです。**図4-2**は、それらがどのように組み合わされているかを示しています。

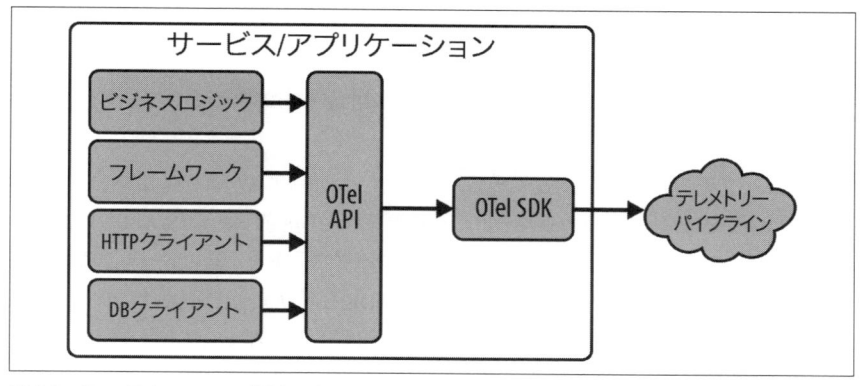

図4-2：OpenTelemetry アプリケーションアーキテクチャ

4.1.1 ライブラリの計装

　もっとも重要なテレメトリーは、フレームワーク、HTTPやRPCクライアント、データベースクライアントなどのOSSライブラリから得られます。これらのライブラリは、ほとんどのアプリケーションで力仕事を行い、多くの場合、これらのライブラリからのテレメトリーは、アプリケーションが実行するほとんどすべての作業をカバーするのに十分です。

　今日、ほとんどのOSSライブラリは OpenTelemetry でネイティブに計装されていません。つまり、これらのライブラリの計装は別途実装する必要があります。OpenTelemetryは、多くの一般的なOSSライブラリ用の計装ライブラリを提供しています。

4.1.2 OpenTelemetry API

　ライブラリ計装は非常に便利ですが、必然的にアプリケーションコードやビジネスロジックの重要な部分を計装したくなるでしょう。そのためには、OpenTelemetry API を使います。導入するライブラリ計装もこのAPIを使って書かれるので、アプリケーション計装とライブラリ計装に基本的な違いはありません。

　実際、OpenTelemetry APIには特別な特徴があります。それは、OpenTelemetry がアプリケーション内に導入されていなくても、安全に呼び出せるということです。つまり、OSSライブラリは、OpenTelemetryが使用されているときに自動的に有効になる

OpenTelemetry計装を含むことができ、OpenTelemetryを使用しないアプリケーションにライブラリがインストールされているときには、ゼロコストで無動作（no-op）となります。OSSライブラリの計装方法についての詳細は6章を参照してください。

4.1.3　OpenTelemetry SDK

ライブラリやアプリケーションコードから送信されたOpenTelemetry APIへの呼び出しを実際に処理するためには、OpenTelemetryクライアントをインストールする必要があります。このクライアントをOpenTelemetry SDKと呼びます。SDKは、サンプリングアルゴリズム、ライフサイクルフック、エクスポーターからなるプラグインフレームワークで、環境変数やYAML設定ファイルを使って設定できます。

計装は重要だ！
OpenTelemetryをアプリケーションに導入することを考えるとき、SDKだけをインストールすることだけを考えがちです。重要なライブラリの計装も必要であることを忘れてはなりません。導入の一環として、必ずアプリケーションを監査し、必要なライブラリの計装が利用可能で、正しく実装されていることを確認してください。

5章では、これらのアプリケーションコンポーネントの内部を深く掘り下げ、導入を成功させるためのガイドをします。今のところは、これらのコンポーネントが存在することを知っていれば十分です。

4.2　インフラストラクチャテレメトリー

アプリケーションは環境の中で実行されます。クラウドコンピューティングにおいて、その環境はアプリケーションが実行されているホストと、アプリケーションインスタンスを管理するために使用されるプラットフォーム、そしてクラウドプロバイダーが運営するその他のさまざまなネットワーキングサービスやデータベースサービスで構成されます。インフラストラクチャの健全性は非常に重要であり、大規模な分散システムには多くのインフラストラクチャがあります。これらのサービスからの高品質のテレメトリーは非常に重要です。

OpenTelemetryはKubernetesや他のクラウドサービスに徐々に追加されています。

しかし、OpenTelemetryがなくても、ほとんどのインフラストラクチャサービスは何らかの有用なテレメトリーを生成しています。OpenTelemetryには、このような既存のデータを収集し、アプリケーションからのテレメトリーのパイプラインに追加するために使用できるコンポーネントが多数付属しています（詳細は7章を参照）。

4.3　テレメトリーパイプライン

アプリケーションとインフラストラクチャから収集されたテレメトリーは、保存と分析のためにオブザーバビリティツールに送られなければなりません。これは、それ自体が難しい問題になる可能性があります。高負荷下の大規模分散システムからのテレメトリーの量は膨大になる可能性があります。その結果、エグレス、負荷分散、バックプレッシャーといったネットワークの問題が大きくなる可能性があります。

加えて、大規模なシステムは古いシステムになりがちです。つまり、オブザーバビリティツールがパッチワークのように配置され、さまざまなデータ処理要件があり、一般的にテレメトリーを大量に処理し、さまざまな場所に転送する必要があります。その結果、トポロジーは非常に複雑になります。

これらを処理するため、OpenTelemetryには2つの主要なコンポーネントがあります。OpenTelemetryプロトコル（OTLP）とOpenTelemetry Collectorです。OTLPについては3章で説明しました。コレクターについては8章で詳しく説明します。

4.4　OpenTelemetryに含まれないもの

OpenTelemetryに**含まれないもの**は、**含まれるもの**と同じくらい重要です。長期ストレージ、分析、GUI、その他のフロントエンドコンポーネントは含まれていませんし、今後も含まれることはないでしょう。

なぜでしょうか。理由は**標準化**です。コンピューター操作を記述するための安定した、普遍的な言語を考え出すことは可能ですが、オブザーバビリティの解析部分は永遠に進化し続けるでしょう。OpenTelemetryの目的は、あらゆる解析ツールと連携すること、そして、人々が将来、より高度で斬新なツールを数多く構築することを奨励することです。その結果、OpenTelemetryプロジェクトは、世界中の他のオブザーバビリティシステムとは異なる特別な「公式」オブザーバビリティバックエンドを含むように拡張されることはありません。標準化されたテレメトリーが、進化し続ける解析ツール

に供給されるという、この関心の分離は、OpenTelemetryプロジェクトが世界をどのように見ているかの基本をなすものです。

4.5 OpenTelemetry Demo を使ったハンズオン

ここまでのOpenTelemetryの議論は、とても理論的なものでした。実際にどのように組み合わされているかを理解するためには、実際のアプリケーションと実際のコードを見てみる必要があります。

まず、これまでに学んだことを簡単に振り返ってみましょう。

- OpenTelemetryは、テレメトリーデータの作成、収集、変換、品質保証のためのAPI、SDK、ツールのエコシステムを提供します
- OpenTelemetryは、テレメトリーデータの移植性と相互運用性を保証します
- 旧来の「3本柱」モデルとは異なり、OpenTelemetryは、トレース、メトリクス、ログ、リソースを1つのデータモデルにまとめました。これにより、相関性が高く、一様に高品質な、規則化されたデータが作成されます
- OpenTelemetryセマンティック規約は、異なるライブラリからのテレメトリーが一貫性を持ち、一様に高品質であることを保証します
- OpenTelemetryは単なるテレメトリーです。さまざまなストレージや解析ツールにデータを送り、より新しく、より高度な解析ツールを構築できるように設計されています

明らかに、OpenTelemetryには多くの内容があり、変化する部分も多くあります。本書の目的は、単にメトリクスやスパンの作り方を教えることではなく、OpenTelemetryを**全体的**に理解してもらうことです。そのための最良の方法は、実際のアプリケーションで動作するのを見ることです。

ありがたいことに、OpenTelemetryプロジェクトは、この目的のために、堅牢なデモアプリを保守しています。この章の残りの部分では、このデモである Astronomy Shop（https://oreil.ly/demo）によって実装された OpenTelemetry アーキテクチャの実用的な例を見ていきます。次の項目について説明します。

- デモのインストールと実行
- アプリケーションアーキテクチャとその設計を探る

● OpenTelemetry データを使ってデモに関する質問に答える

本だけを見て進むこともできますが、実際に自分でデモを動かしてみることを強くおすすめします。この実践的なアプローチは、多くの疑問を解消してくれるでしょう。

4.5.1　デモを実行する

この節でデモを実行する場合、16GB 以上の RAM を搭載したラップトップパソコンかデスクトップパソコンが理想的です。また、すべてのコンテナイメージ用に 20GB 程度のディスク容量が必要です。ここからの説明は、Docker と Git が使える環境であることを前提としています。

最新版を維持する
この説明は、2022年発売の Apple Silicon M2 Max と 32GB の RAM を搭載した MacBook Pro で動かす OpenTelemetry Demo v1.6.0 （https://oreil.ly/demo1_6_0）用に 2023年後半に書かれたものです。OpenTelemetry Demo のドキュメントで、より新しいバージョンのデモの最新のインストール手順や、Kubernetes へのインストール方法を確認してください。

インストール手順は次の通りです。

1. デモの GitHub リポジトリ（https://oreil.ly/ccrBX）に移動し、コンピューターにクローンします。
2. ターミナルで、クローンしたリポジトリのルートディレクトリに移動し、make start を実行します。

これが成功すれば、数分後にターミナルに次のような出力が表示されるはずです。

```
OpenTelemetry Demo is running.
Go to http://localhost:8080 for the demo UI.
Go to http://localhost:8080/jaeger/ui for the Jaeger UI.
Go to http://localhost:8080/grafana/ for the Grafana UI.
Go to http://localhost:8080/loadgen/ for the Load Generator UI.
Go to http://localhost:8080/feature/ for the Feature Flag UI.
```

ウェブブラウザで localhost:8080 に移動すると、**図4-3**のようなウェブページが表示されるはずです。

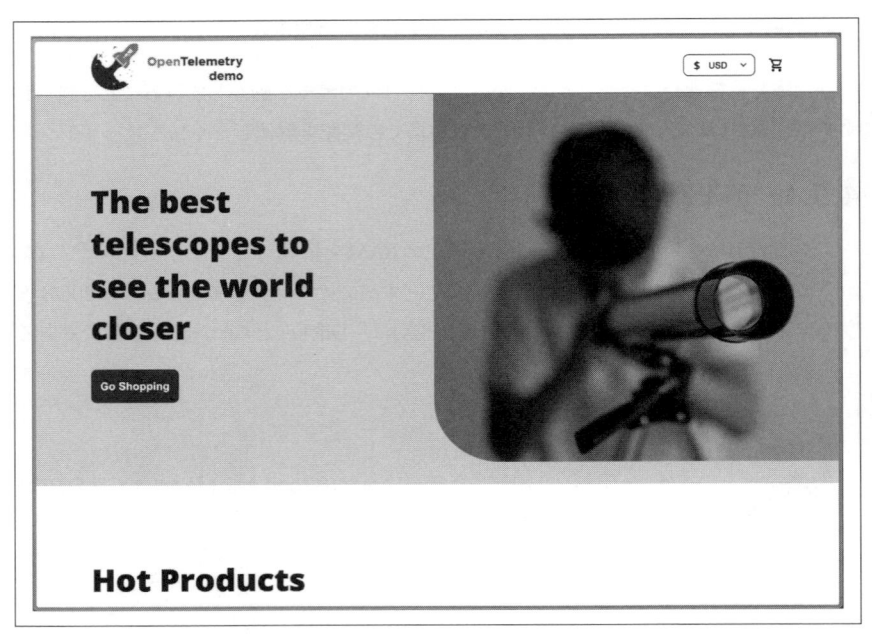

図4-3：OpenTelemetry Demoのフロントページ

これが表示されれば問題ありません！もし問題が発生した場合は上記の「最新版を維持する」にリンクされている手順を見て、より詳しい情報とトラブルシューティング方法を確認してください。

4.5.2 アーキテクチャと設計

Astronomy Shopはマイクロサービスベースのeコマースアプリケーションであり、**図4-4**に示されているように、14の個別のサービスから構成されています。

Astronomy Shopは、開発者、運用担当者、またエンドユーザーが、擬似的な本番環境のプロジェクトを探索できるようにすることを目的としています。興味深いオブザーバビリティの例を含む有用な**デモ**を作成するために、失敗をシミュレートするために設計されたコードなど、必ずしも「実際の」本番環境のアプリケーションでは見られないものも含まれています。クラウドネイティブのものであっても、ほとんどの実世界のアプリケーションは、言語やランタイムの点でデモよりもかなり均質であり、「実」アプリケーションは通常、デモよりも多くのデータレイヤーやストレージエンジンで動作しま

す。

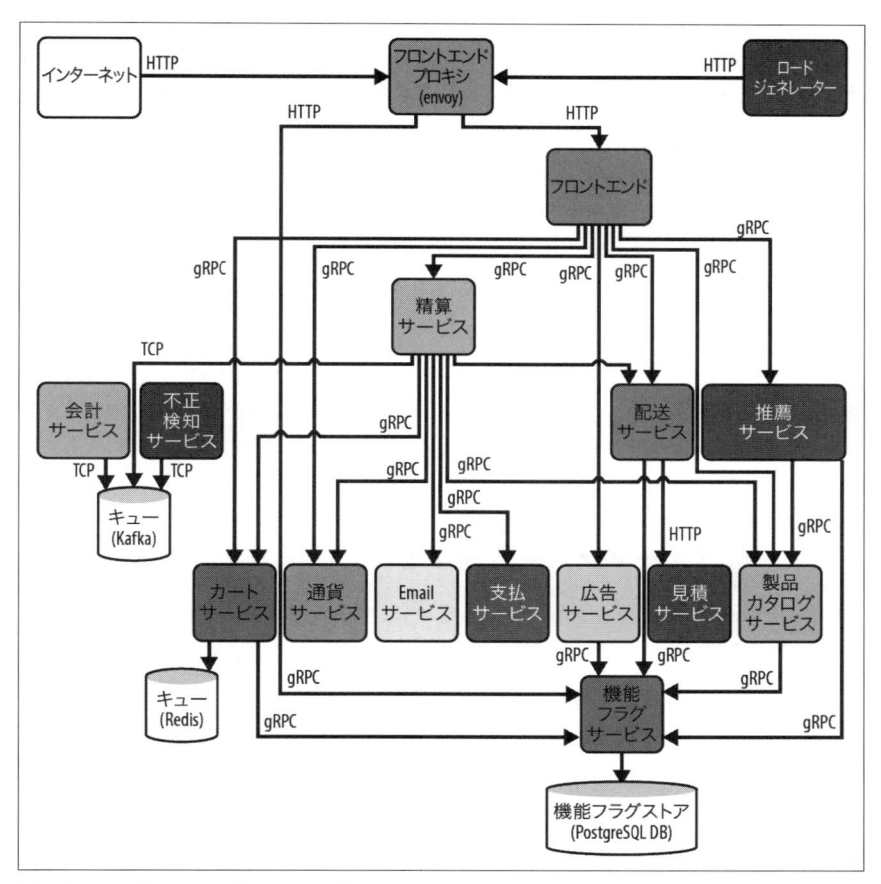

図4-4：OpenTelemetry Demo サービス

　全体的なアーキテクチャを2つの基本的な部分に分けられます。それはオブザーバビリティの関心事とアプリケーションの関心事です。**アプリケーションの関心事**とは、ビジネスロジックと機能要件を扱うサービスのことで、たとえばEメールサービス（Email Service、顧客にトランザクションEメールを送信する）や通貨サービス（Currency Service、アプリケーションでサポートされているすべての通貨間の為替を担当する）などがあります。

　オブザーバビリティの関心事は、テレメトリーデータの収集と変換、保存とクエリー、クエリーの可視化によって、アプリケーションの全体的なオブザーバビリティの一部を担っています。ロードジェネレーター、OpenTelemetry Collector、Grafana、Prometheus、Jaeger、OpenSearch などがこれにあたります。ロードジェネレーターは、「実世界」の環境がどのように見えるかをシミュレートするために、デモアプリケーションに一貫した量の負荷をかけるので、オブザーバビリティの関心事でもあります。

　このデモはさまざまなプログラミング言語で書かれていますが、サービス同士は標準的なフレームワーク、この場合は gRPC（または HTTP 経由の JSON Protobuffer）を使って通信しています。これには2つの理由があります。第一に、多くの組織は（多言語が混在する環境でなくても）gRPC のような単一の RPC フレームワークを標準としています。第二に、OpenTelemetry は gRPC をサポートし、そのライブラリの便利な計装が複雑な設定なしに使えます。これは、OpenTelemetry と gRPC を使うだけで、豊富なテレメトリーデータを「タダで」手に入れられるということです。

4.5.3　OpenTelemetry でアプリケーションパフォーマンスを管理する

　OpenTelemetry で何ができるかを見るために、興味深い問題を作ってみましょう。ブラウザを使って機能（フィーチャー）フラグ UI（http://localhost:8080/feature）に移動し、cartServiceFailure と adServiceFailure の各々の隣りにある Edit をクリックして、Enabled のチェックボックスをチェックし、機能フラグを有効にします。これらの機能フラグを有効にする前後でパフォーマンスがどのように変化するかを確認するために、これらの機能フラグを有効にする前後にわたって、デモを数分間実行させると良いでしょう。**図4-5**は、この作業を行った後に機能フラグ UI に表示される内容を示しています。

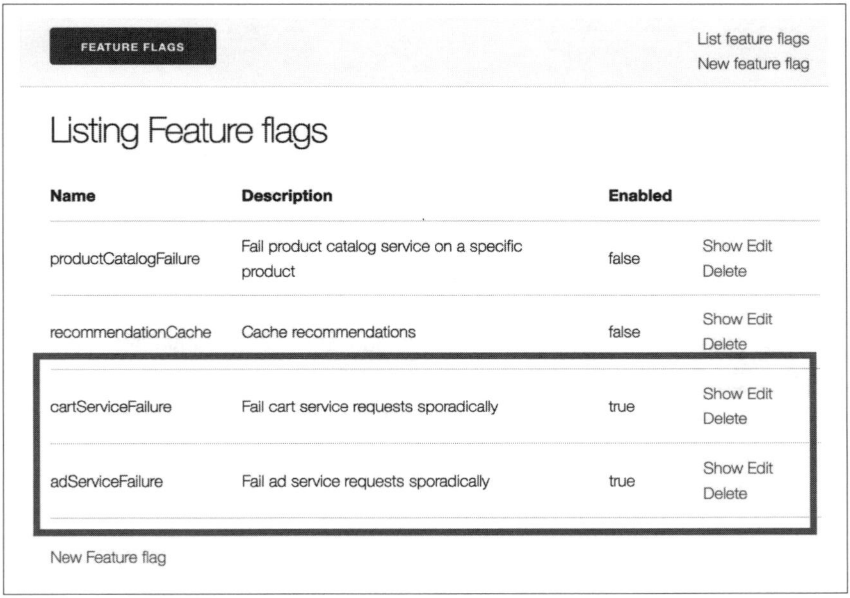

図4-5：機能フラグUIで選択された機能フラグが有効になっている

　数分待つと、いろいろとデータを探索できるようになります。Grafana（http://localhost:8080/grafana/）には、いくつかのビルド済みダッシュボードが用意されています。その中でも興味深いものの1つが Spanmetrics Demo Dashboard です。このダッシュボードはサービスの「APMスタイル」のビューを提供し、すべてのアプリケーションサービスにわたる各ルートのレイテンシー、エラー率、スループットを表示します。興味深いのは、このダッシュボードはメトリクスからではなく、OpenTelemetry Collectorの spanmetrics コネクターを使って、**トレースデータ**から生成されていることです。このダッシュボードを広告サービス（Ad Service）とカートサービス（Cart Service）にフィルタリングしてみると（**図4-6**）、エラー率が少し上がっていることに気づくでしょう。

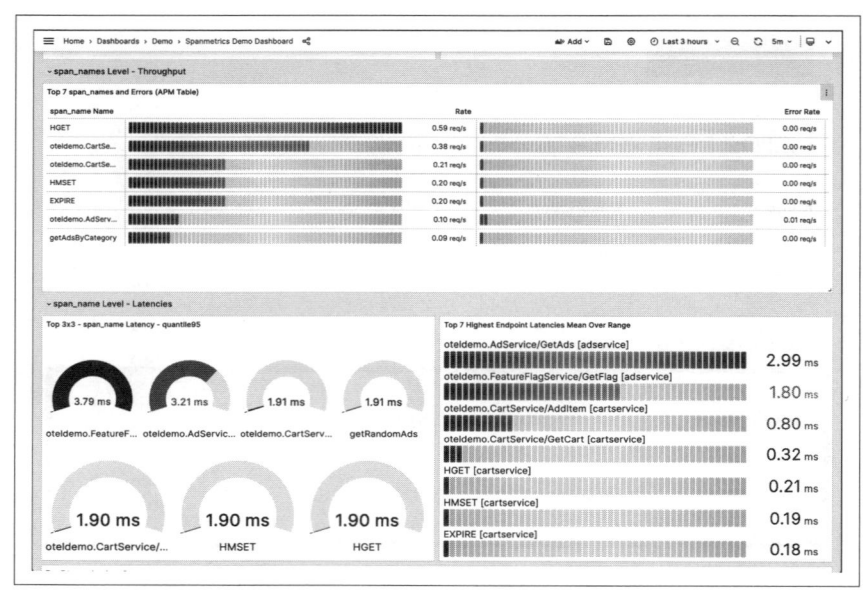

図4-6：Grafana の Spanmetrics ダッシュボード

　図4-6右下のグラフを見ると、エラー率が高いスパンの名前が oteldemo.AdService/GetAds であることがわかります。これは調査の出発点として有用です。

　通常、この問題の原因をどうやって突き止めているでしょうか。多くの人はログを探すでしょう。しかし、OpenTelemetryはリッチでハイコンテキストなトレースを提供しているので、あなたが持っている2つのデータ（エラーの存在と場所）を使って、一致するトレースを検索できます。

　Grafanaでは、メニューのExploreからトレースデータを探索できます。一番上のドロップダウンメニューからJaegerを選択し（デフォルトではPrometheusと表示されているはず）、Searchクエリーに変更します。**図4-7**にあるように、あなたが知っている情報を入力し、Run Queryをクリックします。特定のルートのエラーを含むすべてのリクエストが表示されます。これらのトレースを調べると、ごく一部のトランザクションが gRPCエラーで失敗していることがわかります。この情報をもとに、ホストやコンテナのメモリやCPUの使用率と比較しながら、さらに調査を進められます。

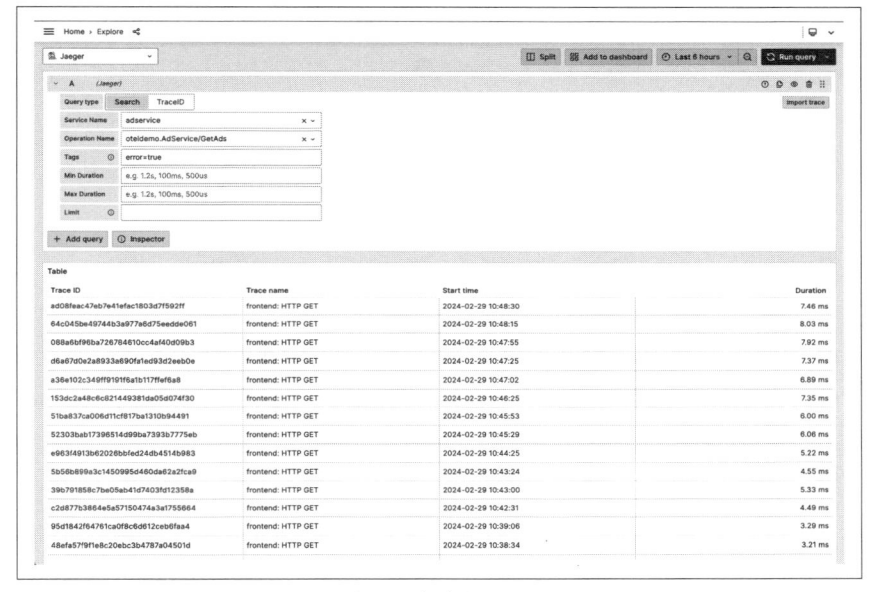

図4-7：Grafana で Jaeger のトレースデータを探索する

　このランダムなエラーはそれほど興味深いものではないかもしれませんが、**興味深い**のは、この結果を得るために必要な計装が、いわば皆無だということです。これは**自動計装**（または**ゼロコード計装**）の一例で、エージェントやライブラリが計装コードを追加してくれます。広告サービスのDockerfileを見ると、ビルドの一部としてエージェントをダウンロードし、それをコンテナにコピーして、サービスと一緒に実行していることがわかります。つまり、起動時に開発者が何もしなくても、必要な計装が追加されるのです。

　同じようなパターンがカートサービスにもあり、ここでも、それを発見するのに必要な計装を書く必要はありません。.NETでは、OpenTelemetryはランタイム自体に統合されています。ですから、使いたい場合はただ有効にすれば良いだけです。エディターで/src/cartservice/src/Program.csを開いて、52行目を見てください。次のコードに、何が起こっているのかを理解するためのメモを追加しました。

```
builder.Services.AddOpenTelemetry() ❶
    .ConfigureResource(appResourceBuilder)
    .WithTracing(tracerBuilder => tracerBuilder
        .AddRedisInstrumentation(
```

```
        options => options.SetVerboseDatabaseStatements = true)
    .AddAspNetCoreInstrumentation()
    .AddGrpcClientInstrumentation() ❷
    .AddHttpClientInstrumentation()
    .AddOtlpExporter()) ❸
.WithMetrics(meterBuilder => meterBuilder ❹
    .AddProcessInstrumentation()
    .AddRuntimeInstrumentation()
    .AddAspNetCoreInstrumentation()
```

❶ これにより、.NETアプリケーションに存在するDI（依存性注入）コンテナに OpenTelemetryライブラリが追加されます

❷ これにより、gRPCクライアントのビルトイン計装が可能になります

❸ ここでは、OTLPエクスポートを有効にして、データをOpenTelemetry Collector に送信します

❹ メモリやガベージコレクション、HTTPサーバーのメトリクスなど、プロセス外 のメトリクスも取得しています

どちらのケースでも、OpenTelemetryはフレームワークレベルで貴重なテレメトリー を提供してくれます。5章では、.NET や Java だけでなく、他の言語でもこのような自 動計装が可能かどうか、さらに詳しく説明します！

4.5.4　干し草の山から針を探す

前節で示したように、フレームワークの計装から多くのものを得られます。しかし、 計装をさらに追加することで、さらに多くのものを得られます。5章と6章で詳しく説 明しますが、その違いを味わってみましょう。図4-8は、デモの2つのサービス間のト ランザクションにおいて、フレームワークの計装のみと、フレームワークとカスタムの 計装の組み合わせの違いを示しています。

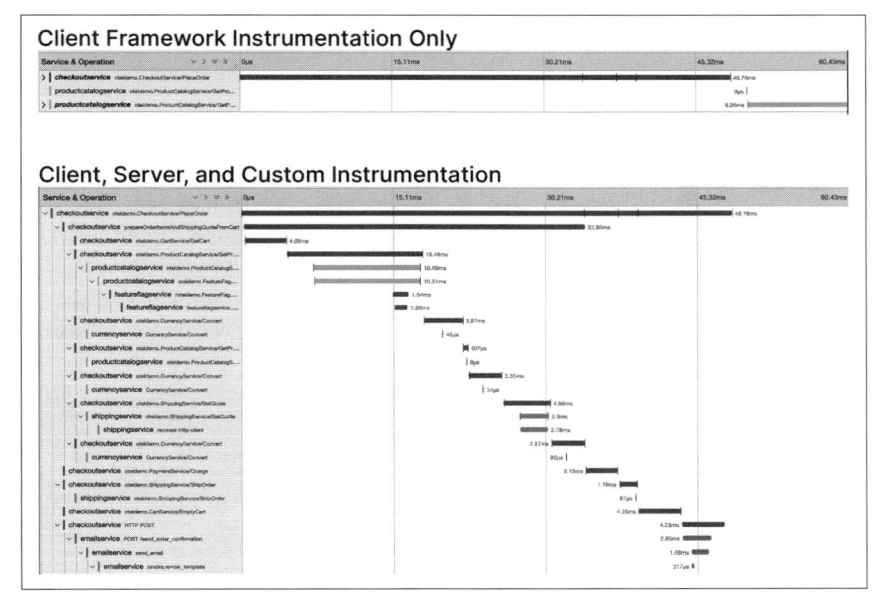

図4-8：同じトランザクションの2つのトレースウォーターフォール。最初のトレース（一番上）
　　　　はクライアントのスパンのみを示し、2番目はクライアント、サーバー、およびカスタム
　　　　のスパンを含む

　カスタム計装でのみ発見できる問題を調査してみましょう。Feature Flag UI（http://
localhost:8080/feature）に戻ってproductCatalogFailureを有効にすると、デモに
新しい問題が発生します。数分後、いくつかのサービス、特にフロントエンドのエラー
率が上昇し始めていることに気づくでしょう（**図4-9**）。

　これは、分散型アプリケーションでよく見られる失敗モードを象徴しています。**失敗
しているものが、必ずしも問題があるものではありません。**もしこれが実際のアプリ
ケーションであれば、フロントエンドチームはおそらくこの比較的高いエラー率につい
て問い合わせを受けるでしょう。最初に確認するのは、フロントエンドへの基本的なヘ
ルスチェックかもしれません。これはデモでhttpcheck.statusメトリクスとして確認
できます。しかし、Grafanaでそれをクエリーすると、すべてが正常であることがわか
ります（**図4-10**）。

図4-9：製品カタログサービス（Product Catalog Service）障害時のエラー率を示す Spanmetrics ダッシュボード

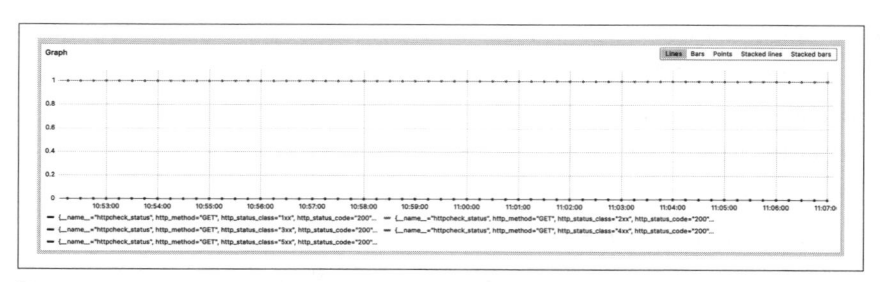

図4-10：Grafana で `httpcheck.status` メトリクスをクエリーする

　これは、ウェブサーバーに問題がないことを示しています。おそらくフロントエンドサービスに問題があるのでしょう。メトリクスとログしかなかったら、ログ文を検索して、エラーを特定する必要があります。しかし、スパンメトリクスが利用可能なので、かわりに**ルート**（**図4-11**）でエラーを探すことができます。フロントエンドのスパンだけをフィルタリングし、エラーだけに制限することで、フロントエンドがバックエンドに対して行っているすべての呼び出しにわたってこれらのエラーを合計できます。

ここで興味深いことがあります。エラーの急増は、製品カタログサービスから発生しているのです！もしあなたがフロントエンドの開発者なら、安心してください。これはあなたのせいでありません。

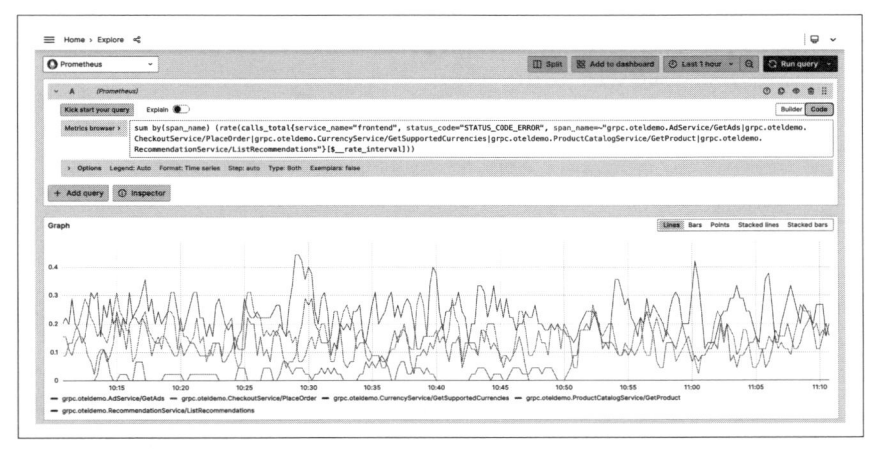

図4-11：スパンメトリクスをフィルタリングしてルートごとのエラーを見つける

トラブルシューティングの次のステップは、これらの特定のエラーを調査することです。前回と同様に、GrafanaまたはJaegerで障害に一致するスパンを直接検索できます。`oteldemo.ProductCatalogService/GetProduct`を呼び出すトレースをすべて調べてみると、エラーに共通点があることに気づくかもしれません。それは、`app.product.id`属性が特定の値である場合にのみ発生するということです。JaegerとGrafanaだけで、この事実を発見するのは少々難しいかもしれません。多くのトレースを互いに比較する必要があり、手作業か単一のトレース比較を使用しなければなりません。より高度な解析ツール（オープンソースと商用の両方）は、スパンの集約分析と相関の検出をサポートしています。これらを使用することで、エラーにつながる特定の値をより簡単に確認でき、問題の特定と修正に必要な時間を短縮できます。

ここで、自動計装は、あなたのサービスにとって重要なドメインやビジネス固有のロジックやメタデータについて知ることはできません。計装を拡張することによって、自分でロジックやメタデータを追加する必要があります。この場合、製品カタログはgRPC計装を使用します。要求されている特定の製品IDのように、それが生成するスパンに有用なソフトコンテキストを添付したいと思うでしょう。この属性が設定されて

いる箇所は、ソースコード（/src/productcatalogservice/main.go）の198行目から
202行目で確認できます。

```
func (p *productCatalog) GetProduct(ctx context.Context, req *pb.
GetProductRequest)
        (*pb.Product, error) { ❺
    span := trace.SpanFromContext(ctx) ❻
    span.SetAttributes(
        attribute.String("app.product.id", req.Id), ❼
    )
```

❺ Goでは、OpenTelemetryのコンテキストはContextで運ばれます。

❻ 既存のスパンを変更したり、新しいスパンを開始するには、Contextから現在の
スパンを取得する必要があります。

❼ OpenTelemetryはセマンティックなので、属性とその値をしっかりと型付けする
必要があります。

　ここで取り上げた以外にも、データベースリクエスト、Kafkaを使った非同期処理、
インフラストラクチャ監視など、まだまださまざまなデモがあります。OpenTelemetry
を実際にどのように使えるか、そして、それが吐き出すデータを探索するために、あな
たがもっとも慣れ親しんでいる言語のサービスに目を通しておくと良いでしょう。この
記事を書いている時点で、すべてのデモでのOpenTelemetry機能のサポートは、やや
不安定です。トレースはどこでもうまく機能し、メトリクスは約半分のサービスで機能
します。ロギングのサポートは、今はほんの一握りのサービスでしか提供されていませ
んが、あなたが本書を読む頃には、さらにもっと多くのものが提供されているはずです。

4.5.5　デモにおけるオブザーバビリティパイプライン

　デモの最後の注意点は、データの収集方法です。可能な限り、デモはプロセスから
OpenTelemetry Collectorのインスタンスにデータをプッシュするのが望ましいでしょ
う。フィルタリング、バッチ処理、メトリクスビューの作成は、すべてプロセス自体で
はなくコレクターで行われます。

　これには2つの理由があります。第一に、テレメトリーをできるだけ早くサービスか
ら取り出したいからです。オーバーヘッドがあるため、テレメトリーの作成にはコスト
がかかります。アプリケーションレベルで処理をすればするほど、オーバーヘッドが増
えます。しかし、（インシデント中に起こるような）予期せぬ負荷パターンは、サービ

スのパフォーマンスプロファイルに予期せぬ結果をもたらす可能性があります。データをエクスポート（またはスクレイピング）する前にアプリケーションがクラッシュすると、それらのインサイトを失うことになります。とはいえ、**非常に多くの**テレメトリーを作成し、それがローカルネットワークリンクに大量に流れ込むと、システムの**別の**レイヤーでパフォーマンスの問題を引き起こす可能性もあります。ここに絶対的なルールはありません。人にはそれぞれ異なる状況があります。最善の策は、OpenTelemetryインフラストラクチャの適切なメタ監視を確実に有効にすることです（デモに含まれるCollectorダッシュボードでその例を見られます）。オブザーバビリティパイプラインについては8章で、より包括的に解説しています。

4.6　新しいオブザーバビリティモデル

さて、OpenTelemetryを使ったアプリケーションを見たところで、これまで話してきたことがどのように組み合わされているかを復習しましょう。本書の残りは、より具体的な内容に焦点を当てていきます。この節は「始まりの終わり」と考えてください。

1章で「オブザーバビリティの3つのブラウザタブ」について話しましたが、このコンセプトはより詳細に再検討する価値があります。人々は、何よりも必要に迫られてオブザーバビリティツールを使っています。データモデリング戦略やテレメトリーシグナルへのシステムのマッピングについて哲学的に語るのは良いことですが、それらは通常、実際の日々の仕事に大きな影響を与えることはありません。そう考えれば、ほとんどのツールが垂直統合されている理由にも納得がいきます。統合されているのは、そうすることが、それを作る人々にとってもっともコスト効率の良いトレードオフのセットだからです。

メトリクスに関する具体的な例を見てみましょう。メトリクス分析とストレージのツールを構築しているのであれば、特に頻繁に現れるものについては、システムの効率化を図りたいと思うでしょう。クラスタリング、再アグリゲーション、コンパクションの戦略でこれを行うことができます。しかしこれを達成するには、計装と収集パイプラインをコントロールする必要があります。そのため、正しいデータに正しい属性を追加していることを確認する必要があります。たとえば、属性の追加を外部プロセスやステートレスワイヤーフォーマットなどに移行することで、メトリクス生成のプロセスオーバーヘッドを削減できます。

　しかし、あなたがもはやコントロールできないデータパイプラインを扱うようになると、その多くは忘れ去られてしまいます。これが、OpenTelemetryがオブザーバビリティの領域で大きな意味を持つ理由です。その結果、オブザーバビリティツールの新しいモデルが生まれ、重要なイノベーションへの扉を開くことになります。

　図4-12で描かれているモデルにおいて、「新しい」方法はOpenTelemetryを介して、統一された普遍的な計装の基礎の上に構築されています。OpenTelemetryは、新規開発されたコード、レガシーコード、既存の計装、記録システムや他の重要なソースからのビジネスデータなど、すべてのソースからのテレメトリーを結合します。このデータは、OTLP経由で（少なくとも）1つのデータストアに送信されます。

　OpenTelemetryは、テレメトリーデータのユニバーサルな導管として機能し、あなたのビジネスにとってのデータの価値や、それを使って可能にしたいユースケースのような、いくつもの要因に基づいて、テレメトリーストリームを処理し、送信することを可能にします。これは、次に何ができるかを考えるための重要な構成要素です。

　将来のオブザーバビリティプラットフォームは、ユニバーサルクエリーAPIなどの機能を提供し、さまざまなデータストアからシームレスにテレメトリーデータを取得できるようになるでしょう。単一のクエリー言語に縛られるのではなく、AIツールの助けを借りて自然言語を使用し、探しているものを簡単に見つけられるようになります。大規模なオムニバスプラットフォームに制限されるのではなく、OpenTelemetryが提供するデータのポータビリティのおかげで、特定の問題を解決するために設計された幅広い特定の解析ツールから選択できるようになるでしょう。

　OpenTelemetryは、それだけでこれらの問題を解決するわけではありませんが、ソリューションの重要な一部です。ある意味では、今日のツールよりも、高度にコンテキストを含むデータとそれを理解できるツールの未来のために設計されています。

　前の節で、「古い」方法と「新しい」方法の間の不協和音を感じたかもしれません。これまで（そしてこれからも）メトリクスやログについて話してきたように、デモのワークフローの多くはトレースを中心に構築されています。PrometheusやJaegerなどのツールは、OpenTelemetryが提供するような、高基準、高コンテキストなワークフローをサポートしていないからです。すべてのOpenTelemetryコンポーネントは、一緒に動作するように設計されており、再計装することなく、既存のテレメトリーデータをレベルアップするために拡張できます。しかし、この価値を本当に引き出すには、あなたのツールは、高カーディナリティデータ、ハードとソフトのコンテキストを横断する相

関、そして、統合されたテレメトリーというコンセプトもサポートする必要があります。

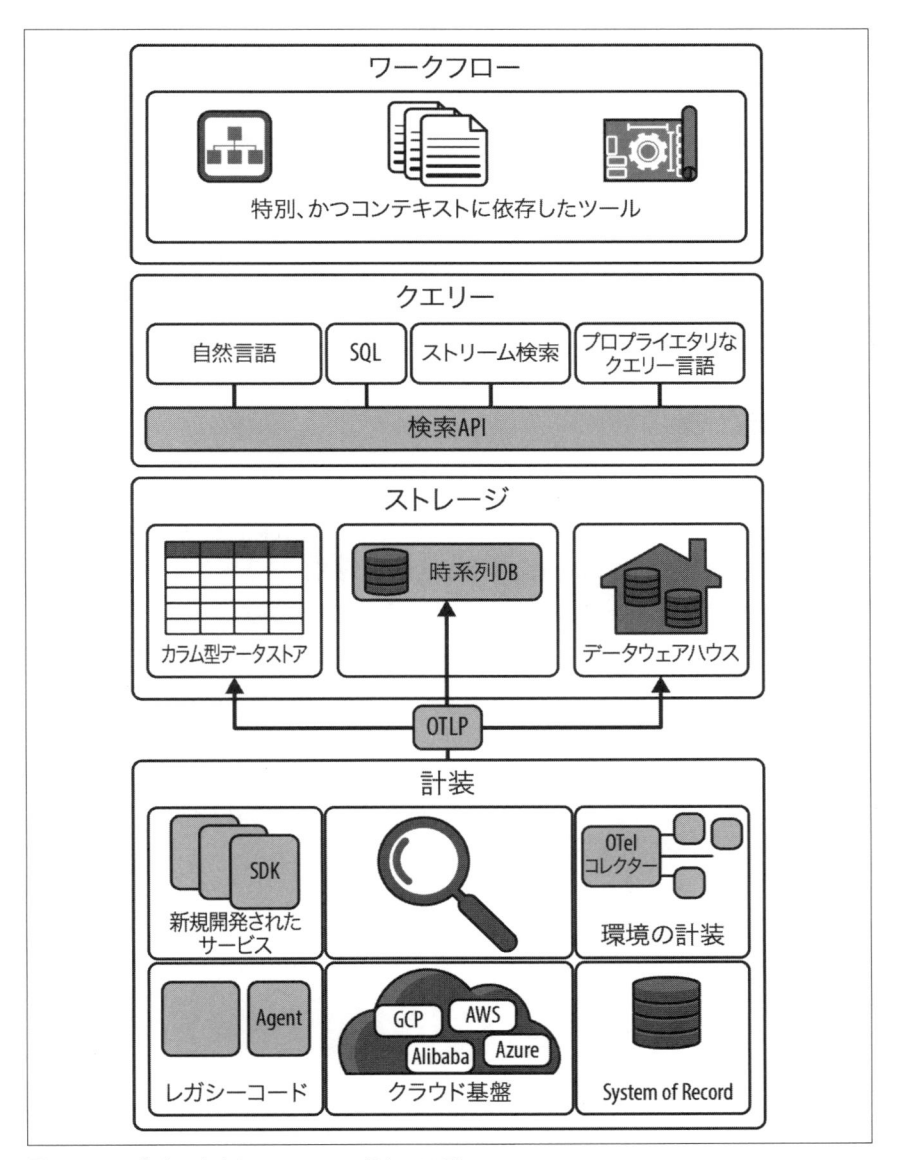

図4-12：オブザーバビリティツールの新しいモデル

　この原稿を書いている時点で、その方向に素晴らしい進展の兆しがあります。ここ2、3年の間に、多くの新しいオブザーバビリティツールが立ち上がりましたが、その多くは、計装をOpenTelemetryだけに依存しています。オープンソースのカラム型データストア上に構築されたこれらのツールは、OpenTelemetryが提供する高度にコンテキストを含むテレメトリーデータに適しています。大規模な組織も OpenTelemetryを採用しています。Microsoft と Amazon Web Services は、最近、OpenTelemetryの第1級のサポートを発表しました（Microsoftは Azure Monitorの一部として、AmazonはEKSアプリケーションのためのOpenTelemetryの支援によるAPM体験として）[†2]。OpenSearchやClickHouse のようなプロジェクトは、OpenTelemetry データを保存するために、ますます人気が出てきています。

4.7　まとめ

　OpenTelemetryの基本的な構成要素を理解し、それらが実際のアプリケーションでどのように組み合わされるかを見ることは、実用的なOpenTelemetryへの第一歩です。準備ができたところで、いよいよ詳細に飛び込みましょう。

　本書ではこれ以降、OpenTelemetryがどのように機能するのか、そして、あなたのアプリケーション、ライブラリ、インフラストラクチャをオブザーバビリティのためにうまく計装するために知っておく必要があることに細かく焦点を当てていきます。また、どのようにテレメトリーパイプラインを設計し、組織にオブザーバビリティを展開するかについて、既存のユーザーからのケーススタディに基づいた実践的なアドバイスもカバーします。それぞれを深く解説した後は、OpenTelemetryの導入を成功させるためのチェックリストも紹介します。

---

†2　翻訳注: 2024年5月現在、Google CloudにおいてはトレースとメトリクスはOpenTelemetryを主要なクライアントライブラリおよびエージェントとして指定しています。

5章
アプリケーションの計装

正しいプログラムを理解するよりも、間違ったプログラムを書く方が簡単だ。

アラン・パリス[1]

　すべてのアプリケーションサービスにOpenTelemetryを追加することは、始めるにあたって重要な部分であり、間違いなくもっとも複雑な部分です。OpenTelemetryをセットアップするプロセスは2つに分かれます。ソフトウェア開発キット（SDK）の導入と計装の実装です。SDKはOpenTelemetryクライアントで、テレメトリーの処理とエクスポートを担当します。計装はテレメトリーを生成するためにOpenTelemetry APIを使用して書かれたコードです。

　アプリケーションの計装は難しく、時間がかかるものです。このプロセスを自動化できる言語もありますが、コンポーネントが実際にどのようなもので、それらが互いにどのように関連しているかを理解することはとても役に立ちます。時折、導入に問題が発生することもありますし、慣れていないシステムをデバッグするのは非常に困難です！

　本書では、詳細なセットアップ手順やコードスニペットは提供しません。そのためにドキュメントがあるのであって、あなたがこれを読む頃には古くなっている可能性のある説明を提供したくありません。かわりに、この章では導入プロセス全体の概要、関係するコンポーネントの説明、ベストプラクティスと思われるアドバイスなどを提供します。始める前にこれを読むことで、あなたが達成しようとしている目標をよりよく理解し、ドキュメントで何を探すべきかを理解できます。

　また、アプリケーションの計装をやりすぎたり、次のサービスに移る前に1つのサー

---

† 1　"Epigrams on Programming"（Alan J. Perlis、1982年、SIGPLAN Notices 17, no. 9 (September 1982): 7–13）

ビスの計装に時間をかけすぎたりすることもあります。「5.5.2どの程度が多すぎるか」
にあるアドバイスをチェックして、辞めるべきタイミングを理解してください。

　この章の終わり近くに、完全なセットアップのチェックリストがあります。
OpenTelemetryをデプロイする前にチェックリストを確認することは、すべてが正しく
動作していることを確認するために、とても役立ちます。OpenTelemetryのインストー
ル方法をすでに知っているとしても、このチェックリストをチームと共有し、アプリケー
ションを計装するたびに確認することをおすすめします。

5.1　エージェントと自動セットアップ

　すべての言語において、2つの構成要素をインストールする必要があります。テレメ
トリーを処理してエクスポートするSDKと、アプリケーションで使用するフレームワー
ク、データベースクライアント、その他の一般的なコンポーネントにマッチするすべて
の計装ライブラリです。インストールとセットアップには多くの部品が必要です。理想
的には、この作業をすべて自動化したいものです。

　しかし、**自動化**に関しては、言語ごとに異なります。コードをまったく必要としない
完全な自動化を提供する言語もあります。自動化をまったく提供しない言語もありま
す。詳細には触れませんが（これもドキュメントを読んでください！）、使い始める前に、
どのような自動化が利用可能かを理解しておくと便利だと思います。

　以下の言語は、自動計装のための追加ツールを提供します。OpenTelemetryを初め
て導入するときは、これらのツールのドキュメントを読んで、使い方を学ぶことをおす
すめします：

Java

> OpenTelemetry Java エージェント（https://oreil.ly/KyB6Y）は、標準の
> -javaagentコマンドライン引数を使って、SDKとすべての利用可能な計装を
> 自動的にインストールできます。

.NET

> .NET計装エージェント（https://oreil.ly/2QvzL）は、SDKと利用可能な計装
> パッケージを自動的にインストールし、.NETアプリケーションと一緒に実行し
> ます。

Node.js

@opentelemetry/auto-instrumentations-node パッケージ（https://oreil.ly/wZff2）は、node --require フラグによって、SDKと利用可能なすべての計装を自動的にインストールできます。

PHP

PHP 8.0 以上の場合、OpenTelemetry は、OpenTelemetry PHP 拡張（https://oreil.ly/icFTC）を使って、SDKとすべての利用可能な計装を自動的にインストールできます。

Python

opentelemetry-instrumentation パッケージ（https://oreil.ly/MncRd）は、opentelemetry-instrument コマンドを使って、SDKと利用可能なすべての計装を自動的にインストールできます。

Ruby

opentelemetry-instrumentation-all パッケージ（https://oreil.ly/XedtM）を使えば、利用可能なすべての計装を自動的にインストールできますが、それでもOpenTelemetry SDKをセットアップして設定する必要があります。

Go

OpenTelemetry Go Automatic Instrumentation パッケージ（https://oreil.ly/wlW_0）はeBPFを使って一般的なGoライブラリを計装します。今後の作業で、手動計装を拡張し、SDKをセットアップできるようになるはずです。

5.1.1　SDKのインストール

言語によっては、たとえばRustやErlangのような言語では、自動化は存在しません。他のライブラリと同じように、OpenTelemetry SDKをインストールしてセットアップします。自動計装が利用可能な言語であっても、より制御するために、手作業でセットアップしたいと思うかもしれません。自動計装は、ときに余分なオーバーヘッドをともなうことがありますし、最終的には、自動化でできる範囲を超えて、インストールをカスタマイズしたくなるかもしれません。

では、どのようにSDKをインストールするのでしょうか。プロバイダーのセットを構

築・設定し、OpenTelemetry APIに登録します。このプロセスを次に説明します。

5.1.2 プロバイダーの登録

OpenTelemetry APIコールをするとどうなるでしょうか。デフォルトでは、何も起きません。そのAPIコールは**no-op**で、APIは安全に呼び出されますが、何も起こらず、オーバーヘッドもありません。

何かを起こすには、APIにプロバイダーを登録する必要があります。**プロバイダー**は、OpenTelemetry計装APIの実装です。これらのプロバイダーはすべてのAPI呼び出しを処理します。TracerProviderはトレーサーとスパンを作成します。MeterProviderはメーターと計装を作成します。LoggerProviderはロガーを作成します。OpenTelemetryのスコープが拡大するにつれて、将来、より多くのプロバイダーが追加されるかもしれません。

プロバイダーは、アプリケーションの起動サイクルのできるだけ早い段階で登録する必要があります。プロバイダーを登録する前に行われたAPIコールはすべてno-opとなり、記録されません。

なぜプロバイダーがあるのか
このプロバイダーの機構は余計に複雑に思えます。なぜOpenTelemetryはこのように分けられているのでしょうか。主な理由は2つあります。
その理由の1つ目は、別々のプロバイダーを使うことで、OpenTelemetryの構成要素のうち、使う予定の部分だけを選択してインストールできるからです。たとえば、あなたのアプリケーションにはすでにメトリクスとログのソリューションがあり、OpenTelemetryを使ってトレースだけを追加したいとします。これは、余計なメトリクスやログのシステムを持つことなく、簡単にできます。OpenTelemetryのトレーシングプロバイダーをインストールするだけです。メトリクスとログの計装はno-opのままとなります。
2つ目の主な理由は、疎結合です。プロバイダーを登録することで、APIを実装から完全に切り離すことができます。APIパッケージはインターフェイスと定数しか持っていません。依存関係はほとんどなく、とても軽量です。これは、OpenTelemetry APIを使用するライブラリが、自動的に巨大な依存関係の連鎖を引き起こさないということです。これは、多くのアプリケーションで実行される共有ライブラリでの依存関係の衝突を避けるのに役立ちます。

追加でもう1つの理由を挙げると、柔軟性です。OpenTelemetry計装を使いたくても私たちの実装が気に入らなければ、それを使う必要はありません。SDKを使うかわりに、独自の実装を書いてAPIに登録できます（この章の「5.2.5カスタムプロバイダー」を参照してください）。

5.2　プロバイダー

SDKについて語るとき、私たちはプロバイダー実装のセットについて話しています。各プロバイダーはフレームワークであり、これ以降の項で説明するように、さまざまなタイプのプラグインによって拡張や設定が可能です。

5.2.1　トレーサープロバイダー

TracerProvider（トレーサープロバイダー）はOpenTelemetry Tracing APIを実装しています。サンプラー、SpanProcessor（スパンプロセッサー）、エクスポーターから構成されます。**図5-1**は、これらのコンポーネントが互いにどのように関連しているかを示しています。

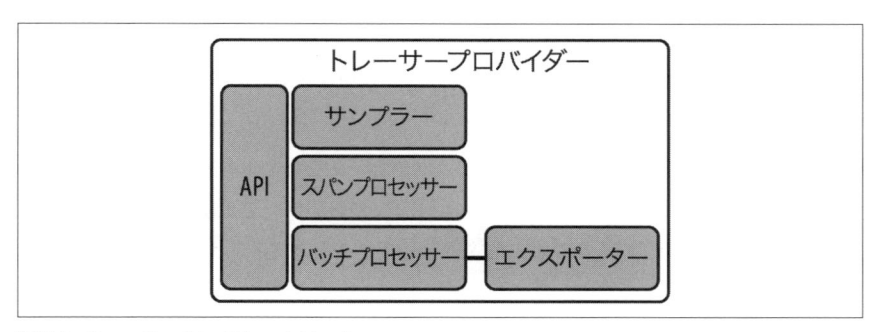

図5-1：TracerProvider フレームワーク

サンプラー

サンプラーは、スパンを記録するか破棄するかを選択します。さまざまなサンプリングアルゴリズムが利用可能であり、どのサンプラーを使用し、どのように設定するかを選択することは、トレースシステムをセットアップする上でもっとも混乱する部分の1つです。

破棄か記録か

あるスパンを「サンプリングされた」と呼ぶと、それが「サンプリングアウト」（破棄、ドロップ）されたものであったり、「サンプリングイン」（記録、レコード）されたものであったりするので、どちらかを明確にするのが好ましいでしょう。

テレメトリーの使用目的を理解せずにサンプラーを選ぶのは難しいです。サンプリングはデータを失うことを意味します。どのようなデータなら失っても安全なのでしょうか。平均的なレイテンシーだけを計測するのであれば、1,024トレースのうち1トレースだけを記録するランダムサンプラーで十分であり、かなりのコスト削減が可能です。しかし、エッジケースや異常値（極端なレイテンシー、稀だが危険なエラー）を調査したい場合、ランダムサンプラーはデータを失いすぎるので、これらのイベントを記録し損ねる可能性があります。

つまり、どのサンプラーを選択するかは、テレメトリーを送信するトレース解析ツールで利用可能な機能の種類に大きく依存します。解析ツールと互換性のない方法でサンプリングすると、誤解を招きかねないデータや役に立たない特徴量を得ることになります。サンプリングに関するアドバイスについては、使用しているトレースまたはOSS製品のベンダーに相談することを強くおすすめします。

疑わしきはサンプリングせず、です。 最初はサンプリングなしでスタートし、削減したい特定のコストやオーバーヘッドに応じて、後からサンプリングを追加する方が良いでしょう。あなたが削減しようとしているコストと、あなたのトレース製品が対応するサンプリングの種類を理解するまでは、反射的にサンプラーを追加しないでください（サンプリングについてのより詳しい解説は「8.2.1 フィルタリングとサンプリング」を確認してください）。

スパンプロセッサー

SpanProcessor（スパンプロセッサー） は、スパンの収集と修正を可能にします。スパンの開始時と終了時の2回インターセプトします。

デフォルトのプロセッサーは**BatchProcessor**と呼ばれます。このプロセッサーは、スパンデータをバッファリングし、次の小節で説明するエクスポータープラグインを管理します。一般に、BatchProcessorは処理パイプラインの最後のSpanProcessorとして導入する必要があります。BatchProcessorには、以下の構成オプションがあります。

exporter

スパンがプッシュされるエクスポーター

maxQueueSize

バッファーに保持されているスパンの最大数。それ以上のスパンは削除されます。デフォルト値は2,048です

scheduledDelayMillis

連続する2つのエクスポート間の遅延間隔をミリ秒単位で指定します。デフォルト値は5,000です

exportTimeoutMillis

エクスポートがキャンセルされるまでの実行時間（ミリ秒）。デフォルト値は30,000です

maxExportBatchSize

エクスポートするスパンの最大数。キューがmaxExportBatchSizeに達した場合、scheduledDelayMillisが経過していなくてもバッチがエクスポートされます。デフォルト値は512です

　ほとんどの場合、デフォルト値で問題ありません。しかし、テレメトリーがローカルコレクターにエクスポートされる場合は、scheduledDelayMillisをもっと小さい値に設定することを推奨します。これにより、アプリケーションが突然クラッシュしても、最小限のテレメトリーデータしか失われません。デフォルト値（5秒）は、自分が行った変更をテストするのにも5秒待たなければならないので、開発中に動作が遅くなり、混乱を引き起こす可能性があります。

　時間が経つにつれて、スパンの属性を変更したり、スパンを他のシステムと統合したりするために、追加のSpanProcessorを記述することが有用だと気づくかもしれません。しかし、SpanProcessorで実行できるほとんどの処理は、後でコレクターでも実行できます。これは望ましいことで、アプリケーションでの処理はできるだけ少なくするのがもっとも良いでしょう。その後、バッファリング、処理、エクスポートをローカルコレクターで実行できます。マシンメトリクスや追加リソースをキャプチャするためにローカルコレクターを実行することも有用（8章参照）なので、これはとても一般的な設定です。

> # いつどのように SpanProcessor を使うか
>
> SDKでプロセッサーを使用する場合、順番が重要です。プロセッサーは登録順に連鎖し、直線的に実行されます。つまり、たとえば、テレメトリーを修正するプロセッサーは、テレメトリーをバッチ処理するプロセッサーより前に来る必要があります。テレメトリーをコレクターではなくSDKで処理するかどうかは、アプリケーションのデプロイ方法、アプリケーションの内容、およびアプリケーションから取得したいテレメトリーに基づいて決定する必要があります。たとえば、信頼されていないLANに前方展開されたIoTデバイスでは、ローカルコレクターインスタンスが個人識別情報（PII）を含むスパン属性を再編集できることを合理的に期待できません。そのような場合、テレメトリーデータを圧縮して分析用に送信する前に、プロセッサーを使用してPIIの部分を変更することになります。

エクスポーター

このスパンをどうやってプロセスから取り出し、読めるものにするのでしょうか。それはエクスポーターです！これらのプラグインは、テレメトリーデータのフォーマットと送信先を定義します。

デフォルトでは、OpenTelemetryプロトコル（OTLP）エクスポーターを使用します。これを推奨しますOTLPを使用すべきで**ない**唯一の状況は、コレクターを実行しておらず、OTLPをサポートしていない解析ツールに直接データを送信する場合です。その場合は、解析ツールのドキュメントを参照して、どのエクスポーターが対応しているかを確認してください。

ここでは、OTLPの設定オプションについて説明します。

protocol

OTLPがサポートしている、gRPC、http/protobuf、http/jsonの3つのトランスポートプロトコル。デフォルトでもあるhttp/protobufを推奨します。

endpoint

エクスポーターがスパンまたはメトリクスを送信するURL。デフォルト値はHTTPの場合はhttp://localhost:4318、gRPCの場合はhttp://

`localhost:4317`です。

headers

すべてのエクスポートリクエストに追加されるHTTPヘッダー。解析ツールによっては、データを正しくルーティングするためにアカウントまたはセキュリティトークンヘッダーが必要になる場合があります。

compression

gzip圧縮を有効にする。バッチサイズが大きい場合におすすめします。

timeout

OTLPエクスポーターが各バッチエクスポートを待つ最大時間。デフォルトは10秒です。

証明書ファイル、クライアント鍵ファイル、クライアント証明書ファイル

セキュアな接続が必要な場合に、サーバーのTLS認証情報を検証する。

5.2.2　メータープロバイダー

MeterProvider（メータープロバイダー）は、OpenTelemetry Metrics APIを実装します。View（ビュー）、MetricReader（メトリックリーダー）、MetricProducer（メトリックプロデューサー）、MetricExporter（メトリックエクスポーター）で構成されます。**図5-2**は、これらのコンポーネントが互いにどのように関係しているかを示しています。

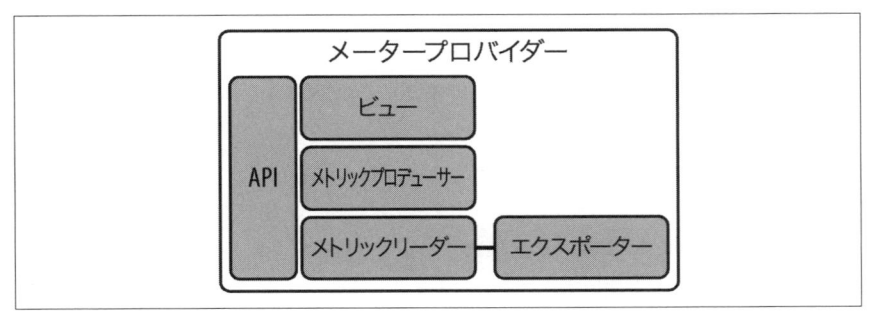

図5-2：MeterProviderフレームワーク

メトリックリーダー

MetricReader（メトリックリーダー）は、メトリクスにおける SpanProcessor に相当するものです。メトリクスデータを収集し、エクスポートできるまでバッファリングします。デフォルトの MetricReader は PeriodicExportingMetricReader です。このリーダーはメトリクスデータを収集し、それを一括してエクスポーターにプッシュします。OTLP をエクスポートするときに使用します。Periodic リーダーには2つの設定オプションがあります。

exportIntervalMillis

連続する2つのエクスポート間の時間間隔（ミリ秒単位で指定します）。デフォルト値は60,000です。

exportTimeoutMillis

エクスポートがキャンセルされるまでの実行時間（ミリ秒単位で指定します）。デフォルト値は30,000です。

メトリックプロデューサー

既存のアプリケーションは、すでに何らかの計装を持っているのが普通です。サードパーティーの計装を OpenTelemetry SDK に接続するためには、**MetricProducer**（メトリックプロデューサー）が必要です。たとえば、Prometheus 計装は MetricProducer を必要とするかもしれません。

すべての MetricProducer は MetricReader と一緒に登録されています。既存のメトリクス計装をお持ちの場合は、OpenTelemetry SDK に接続するためにどの MetricProducer が必要かをドキュメントで確認してください。

メトリックエクスポーター

MetricExporter（メトリックエクスポーター）は、ネットワーク経由でメトリクスのバッチを送信します。トレースと同様に、テレメトリーをコレクターに送信するには、OTLP エクスポーターを使用することをおすすめします。

Prometheus のユーザーでコレクターを使用していない場合、OTLP で使用されているプッシュベースの収集システムではなく、Prometheus のプルベースの収集システムを使用したいと思うでしょう。Prometheus エクスポーターをインストールすると、この

設定ができます。

　最初にコレクターにデータを送信する場合は、アプリケーションでOTLPエクスポーターを使用し、コレクターにPrometheusエクスポーターをインストールする方法をおすすめします。

ビュー

　View（ビュー）は、SDKが出力するメトリクスをカスタマイズするための強力なツールです。どのInstrument（インスツルメント）[†2]を無視するか、Instrumentがどのようにデータを集計するか、どの属性をレポートするかを選択できます。

　最初の間、Viewを設定する必要はありません。後になり、メトリクスを微調整したり、オーバーヘッドを減らしたくなったときに、最初のViewの作成を検討すると良いでしょう。また、必ずしもSDKレベルでビューを作成する必要はなく、OpenTelemetry Collectorを使ってViewを作成することもできます。

5.2.3　ロガープロバイダー

　LoggerProvider（ロガープロバイダー）はOpenTelemetry Logging APIを実装します。LogRecordProcessorとLogRecordExporterで構成されます。図5-3は、これらのコンポーネントが互いにどのように関係しているかを示しています。

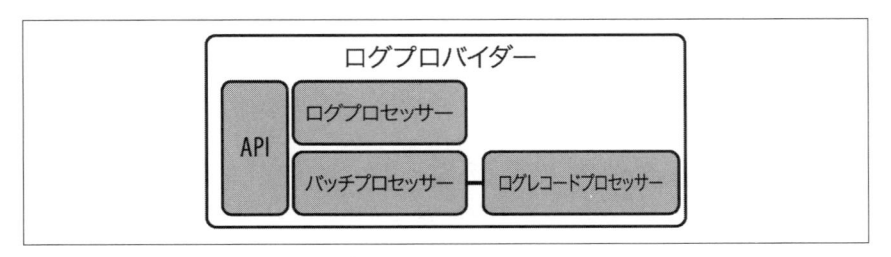

図5-3：LoggerProvider フレームワーク

[†2]　翻訳注：InstrumentはMeterProviderが返却するMeterの中でまとめて管理されているインスタンスで、特定のメトリクスを表現するためのオブジェクトです。たとえばsystem.cpu.utilizationというInstrumentがCPU使用率のメトリクスの記録を管理します。ある瞬間のInstrumentの記録（データポイント）を表すMeasurementと呼ばれます。詳細は仕様を確認してください。https://opentelemetry.io/docs/specs/otel/metrics/api/#instrument

ログレコードプロセッサー

LogRecordProcessor（ログレコードプロセッサー）は、SpanProcessorと同様に動作します。デフォルトのプロセッサーはバッチプロセッサーで、エクスポーターの登録に使用します。スパンバッチプロセッサーと同様に、ローカルコレクターにデータを送信する場合は、scheduledDelayMillis設定パラメーター[†3]を下げることをおすすめします。

ログレコードエクスポーター

LogRecordExporter（ログレコードエクスポーター）は、さまざまな一般的なフォーマットでログデータを出力します。他のシグナルと同様に、OTLPエクスポーターを使用することをおすすめします。

5.2.4　プロバイダーの停止

アプリケーションをシャットダウンする場合、アプリケーションが終了する前に、残っているテレメトリーをフラッシュすることが重要です。**フラッシュ**とは、シャットダウンをブロックしている間に、SDKにバッファリングされている残りのテレメトリーデータを直ちにエクスポートするプロセスです。SDKをフラッシュする前にアプリケーションが終了すると、重要なオブザーバビリティデータを失う可能性があります。

最終的なフラッシュを実行するために、すべてのSDKプロバイダーにはShutdownメソッドが含まれています。このメソッドをアプリケーションのシャットダウン手順に組み込み、最終ステップの1つとして実行するようにしてください。

自動停止
エージェントを通して自動計装を使用している場合、エージェントがプロセスの終了時にシャットダウンを呼び出すので、何もする必要はありません。

[†3] 翻訳注：2024年11月時点では、スパンバッチプロセッサーとログバッチプロセッサーでデフォルト値は各々5000と1000で異なります。それぞれ仕様を確認してください。https://opentelemetry.io/docs/specs/otel/trace/sdk/#batching-processor https://opentelemetry.io/docs/specs/otel/logs/sdk/#batching-processor

5.2.5　カスタムプロバイダー

　私たちがこれまで説明したSDKは、OpenTelemetryプロジェクトがOpenTelemetry APIと一緒に使うことを推奨しているものです。これらのフレームワークは、柔軟性と効率性のバランスを提供し、ほとんどのシナリオでうまく機能します。

　しかし、エッジケースなどで、SDKアーキテクチャが適切でない場合があります。このように稀なケースでは、独自の代替実装を作成できます。代替実装を持てるようにすることは、OpenTelemetry APIがSDKから分離している理由の1つです。

　たとえば、OpenTelemetry C++ SDKはマルチスレッドです。人気のあるプロキシサービスであるEnvoyは、計装のためにOpenTelemetry APIを利用しています。しかしEnvoyは、そのすべてのコンポーネントがシングルスレッドであることを要求しています。SDKをオプションでシングルスレッドにするのは現実的ではありません。そのため、このケースではEnvoyで動作するように、別のシングルスレッド実装がC++で書かれました。

　カスタム実装を構築する必要がある可能性はほとんどないでしょう。OpenTelemetryが、計装インターフェイスとその実装の間に厳密な分離を保っている理由を明確にするために、このオプションを挙げておきます。

5.3　設定ベストプラクティス

　SDKは3つの方法で設定できます。

- コード（エクスポーター、サンプラー、プロセッサーを構築するとき）
- 環境変数
- YAML設定ファイル[4]

OpenTelemetry SDKや自動計装を設定するための、もっとも広くサポートされた方法は、環境変数を使うことです。これは、アプリケーション内にハードコードされた設定オプションよりも優れています。正しいOpenTelemetryの設定オプションは、開発環境、テスト環境、本番環境で大きく異なる可能性があるので、これは重要な機能です。

---

[4]　翻訳注：設定ファイルのドキュメントはhttps://opentelemetry.io/docs/specs/otel/configuration/ を参照。

たとえば開発環境では、インストールを検証するためにローカルコレクターにデータを送るかもしれません。テストでは、負荷テストし、パフォーマンスの低下にアラートを発するために設計された小規模な解析ツールに直接データを送るかもしれません。次に、本番環境では、特定のアプリケーションインスタンスがデプロイされたネットワークに特化したロードバランサーにデータを送信します。

また、本番では、テレメトリーパイプラインは多くのデータを生成するので、高いスループットを処理できるセットアップが必要です。テレメトリーパイプラインを圧迫しないように、いくつかのパラメーターを調整する必要があるかもしれません。システムが実際に処理できる以上のデータを送信することは**バックプレッシャー**と呼ばれ、テレメトリーの欠損につながります。

最近、OpenTelemetryプロジェクトは、すべての言語で動作する設定ファイルを定義しました。これは、設定の新しい推奨アプローチです。設定ファイルは環境変数の長所をすべて持っていますが、チェックや検証がずっと簡単です。また、開発者や運用担当者がしたがうべき設定ファイルのテンプレートを作るのも簡単です。すべてのOpenTelemetry実装で、同じ設定ファイルフォーマットが使えます。必要であれば、設定ファイルに記載された設定を上書きするために、環境変数を使うこともできます。本書執筆時点では、この新しい設定ファイルのサポートは混在していますが、今後増えていくことが予想されます。

5.3.1 リモート設定

本書執筆中にも、OpenTelemetryプロジェクトはコレクターとSDKのためのリモート設定プロトコルであるOpen Agent Management Protocol（OpAMP）を開発しています[†5]。OpAMPはコレクターとSDKがポートを開くことを可能にし、それを通して現在のステータスを送信し、設定のアップデートを受け取ります。OpAMPを使用することで、コントロールプレーンは再起動や再デプロイの必要なくOpenTelemetryのデプロイメント全体を管理できます。

サンプリングのようないくつかの設定オプションは、どのようなテレメトリーデータが生成され、どのように使用されるかに大きく依存します。OpAMPを使えば、解析ツールはこれらの設定を動的に制御し、テレメトリーパイプラインの早い段階で使用されて

---

† 5　翻訳注：2024年9月現在も仕様および参照実装は安定版に向けて開発中です。

いないデータを取り除けます。解析ツールが提供する機能を実行するために必要なデータに合わせて、収集するデータを正確にチューニングできるため、大規模な導入において、これは莫大なコスト削減を意味します。後述するように、サンプリングを手作業で設定するのは困難であり、解析ツールが対応するサンプリングの種類を理解していない限り、推奨されません。

5.4 リソースの添付

リソースはテレメトリーが収集されている環境を定義する属性のセットです。サービス、仮想マシン、プラットフォーム、リージョン、クラウドプロバイダーなど、本番環境での問題と特定の場所やサービスとの関連づけに必要なすべてを記述します。スパン、メトリクス、ログなどのテレメトリーデータが、**何が**起きているかを伝えるなら、リソースは**どこで**起きているかを伝えます。

5.4.1 リソースディテクター

サービス固有のリソースを超えて、ほとんどのリソースは、Kubernetes、Amazon Web Service、Google Cloud、Microsoft Azure、Linuxなど、アプリケーションがデプロイされる環境に由来します。これらのリソースは既知の場所から提供され、通常は標準的な取得方法があります。これらのリソースを検出するプラグインは、**リソースディテクター**と呼ばれます。

OpenTelemetryをセットアップする際には、キャプチャしたい環境のあらゆる特徴をリストアップし、この情報を取得するリソースディテクターがすでに存在するかどうかを調査します。ほとんどのリソースは、ローカルのコレクターによって検出され、コレクターを通過するアプリケーションからのテレメトリーに添付できます。

言語に関係なく、ほとんどすべてのOpenTelemetry SDKはリソースディテクターを含んでいます。いくつかのリソースにアクセスするにはAPI呼び出しが必要で、アプリケーションの起動が遅くなる可能性があるため、コレクターによるアプローチを推奨します。

5.4.2 サービスリソース

環境から収集できない重要なリソースのセットが1つあるとします。あなたのサービ

スを記述するリソースです。これらのリソースは非常に重要なので、OpenTelemetry
のセットアップの一部として必ず定義するようにしてください。次のようなものがあります。

service.name
:   このクラスのサービス名、たとえば frontend や payment-processor など。

service.namespace
:   サービス名は常にグローバルに一意であるとは限りません。サービス名前空間
    は、2つの異なるタイプの「フロントエンド」サービスを区別するのに役立ちます。

service.instance.id
:   特定のインスタンスを表す一意なID。一意なIDを生成するために使用する
    フォーマットで記述します。

service.version
:   バージョン番号。バージョニングに使用するフォーマットで記述します。

　繰り返しになりますが、これらのリソースを設定するのは**とても重要**です。多くの解
析ツールは、特定の機能を提供するために、これらのリソースを必要とします。たとえ
ば、異なるバージョンのアプリケーションのパフォーマンスを比較し、リグレッション
を特定したいとします。もし service.version を記録していなければ、このようなこと
はできません。

高度なリソースアノテーション戦略

　テレメトリーストリームの最終的な送信先に応じて、コレクターパイプライ
ンへリソース検出をどのように配置するかを慎重に検討します。たとえば、
Kubernetes クラスターからの忠実度の高いデータをそのクラスターで短時間利
用できるようにしておき、残りのデータは永続ストアに記録したいとします。こ
の場合、リソースの検出とアノテーションを後者のテレメトリーストリームにの
み適用できます。高忠実度のテレメトリーは、それが表示されたクラスターに
ローカルなものなので、他のストリームにとって重要ではないでしょう。テレメ

トリーパイプラインのセットアップの詳細については8章を参照してください。

5.5 計装の実装

SDKの他に、OpenTelemetryは計装を必要とします。この計装を自分で書く必要がないのが理想でしょう。もし、あなたのアプリケーションが一般的なライブラリ（HTTPクライアント、ウェブフレームワーク、メッセージングクライアント、データベースクライアント）から構成されているなら、それらの計装で十分でしょう。

自動計装は、これらのライブラリの計装を見つけてインストールするのを手助けしてくれます。利用可能なものがない場合は、アプリケーションが使用する主要なライブラリのリストを作成し、利用可能な計装のリストと比較してください。OpenTelemetryウェブサイトのRegistry（https://oreil.ly/lGG48）やOpenTelemetry GitHub Organization（https://github.com/open-telemetry）の各言語の「contrib」リポジトリに、計装の情報があります。

各計装パッケージには、それらの導入方法が記載されています。トレースを壊すもっとも一般的な理由は、重要な計装パッケージのインストール失敗によるものです。

ネイティブ計装
ますます多くのOSSライブラリが、ライブラリ自体にOpenTelemetry計装機能を搭載し始めています。これは、追加の計装を導入する必要がないということです。SDKをインストールすれば、OpenTelemetryはすぐにこのライブラリで動作します！詳細は6章を参照してください。

5.5.1 アプリケーションコードの計装

アプリケーションコードそのものだけでなく、社内ライブラリも計装したいかもしれません。

社内ライブラリを計装するには、6章を参照し、同じパターンにしたがってください。これが計装の最良の方法です。理論上、計装はこれらの共有ライブラリに残すことができ、実装しているビジネスロジックを記述するのに役立つ属性を追加する以外、アプリケーションコードに直接計装を追加する必要はありません。すべてのアプリケーションで同じ計装を書き直すのに時間を費やしたくはないでしょう！

スパンのデコレーション

開発者は、問題の追跡やスパンのインデックス作成のために、アプリケーション固有の詳細を追加したいと思うかもしれません。注意点として、このような場合にスパンを追加する必要はありません。インストールされているライブラリ計装が、すでにスパンを作成しているはずです。新しいスパンを作成するかわりに、現在のスパンを取得し、追加属性で装飾します。通常、より少ない数のスパンにより多くの属性を付けることで、より優れたオブザーバビリティが得られます。

5.5.2　どの程度が多すぎるか

トレースやログで、人々はしばしば、適切な詳細の量を決定する方法を尋ねます。すべての関数をスパンで囲むべきでしょうか。コードのすべての行をログに残すべきでしょうか。

これらの質問には明確な答えはありません。しかし、次のパターンを推奨します。クリティカルなオペレーションでない限り、必要になるまで追加しないでください。OpenTelemetryを使い始めるとき、アプリケーションレベルの計装については心配しないでください。深さ優先ではなく、幅優先のアプローチを取りましょう。

本番環境の問題を追跡しているのであれば、エンドツーエンドのトレースは、細かい詳細よりも重要です。OpenTelemetryが提供する計装だけで、すべてのサービスを立ち上げ、さらに詳細が必要になったら、特定のエリアに計装を徐々に追加していく方が良いでしょう。また、最初は小さな、自己完結的な領域にフォーカスし、必要に応じて計装範囲を広げることもできます。いずれにせよ、より一般的なオブザーバビリティの価値の大部分は、ビジネスロジックのカスタム計装や、自動計装では捕捉できないその他の値にあります。このことを念頭に置いて、「正しい」詳細量について考えることにとらわれず、あなたとあなたのチームが必要とすることに集中してください。このアプローチにより、興味深く、自問自答できるようになります（このテーマについては、9章を参照のこと）。

5.5.3　スパンとメトリクスを重ねる

メトリクスは、サービス内で使用されているCPUの量や、ガベージコレクションの一時停止にかかる時間を計測するだけではありません。アプリケーションメトリクスを効果的に使用することで、コストを削減し、長期的なパフォーマンストレンドを分析で

きます。

　APIエンドポイント、特に高スループットのものについては、ヒストグラムメトリクスを作成すると良いでしょう。**ヒストグラム**は、バケットとそのバケットに入るカウントで構成される特定のタイプのメトリクスです。ヒストグラムは、値の分布を取得する方法と考えることができます。

　OpenTelemetryは、標準の定義済みヒストグラムと**指数バケットヒストグラム**の両方をサポートしています。後者は非常に便利です。ヒストグラムに入れる測定値のスケールと範囲に合わせて自動的に調整されます。また、それらを足し合わせることもできます。つまり、100個のAPIサーバーのインスタンスを実行し、スループット、エラー率、レイテンシーを追跡するために指数ヒストグラムを作成し、スケールや範囲が異なっていても、すべての値を合計できます。これをイグザンプラーと組み合わせれば、サービスパフォーマンスに関する非常に正確な統計が得られるだけでなく、バケットごとのパフォーマンスを示すトレースへのコンテキストリンクも得られます。

5.5.4　ブラウザとモバイルクライアント

　携帯電話、ラップトップ、タッチスクリーン、自動車など、ユーザーが操作するデバイスは、分散システムにとって重要なコンポーネントです。ブラウザやモバイルクライアントは、メモリが少なく、ネットワーク接続性が悪いという制約のある環境で実行されることがよくあります。クライアントのテレメトリーなしにこれらのパフォーマンス問題を解決することは困難です。また、製品の機能やGUIの変更がユーザー体験にどのような影響を与えるかを理解することも困難です。

　オブザーバビリティにおいて、クライアントのテレメトリーは伝統的に**リアルユーザー監視**（RUM、Real User Monitoring）と呼ばれています。この記事を書いている時点で、RUMはブラウザ、iOS、Android向けに活発に開発中です[†6]。

パブリックゲートウェイ
クライアント監視用にOpenTelemetryをデプロイする場合、OpenTelemetry Collectorはパブリックゲートウェイとして設計されていないことを忘れないでください。クライアントSDKが解析ツールに直接

[†6]　翻訳注：2024年9月現在、RUMはClient SDK and Instrumentation SIGによって仕様の策定と開発が進められています。

ではなくコレクターにデータを送信している場合、組織の適切なセキュ
リティ体制にあわせて設定された、パブリックゲートウェイとして使用
するために追加のプロキシを立ち上げることを検討してください。

二次オブザーバビリティシグナル

プロファイル、セッション、イベントなどの**シグナル**について聞いたことがあ
るかもしれません。これらは、**RUM**や**継続的プロファイリング**（実行中のプロセ
スからコードレベルのテレメトリーデータを取得する方法）のようなテクニック
で使われる、特殊なタイプのテレメトリーデータです。この記事を書いている時
点で、まだこれらのシグナルにOpenTelemetryの安定版が出ていませんが、作
業が進行中です。最終的に、OpenTelemetryは、シグナルが実際にどのように
使われるかを問いません。これにはシグナルの統一も含まれます。RUMは分散
システムを理解する上で重要な部分ですが、オブザーバビリティの実践を本当に
変革するためには、それをバックエンドのテレメトリーに接続する必要がありま
す。

5.6　セットアップチェックリスト

テレメトリーは非常に重要です！しかし、多くの可動部分があり、最初のうちは何か
を見逃しがちです。パイロットが離陸前に飛行機を点検するように、OpenTelemetry
の導入が成功したことを確認する際にしたがうチェックリストがあると便利です。ここ
では、簡単なものを紹介します。

□ **すべての重要なライブラリで計装が利用可能ですか**

HTTP、フレームワーク、データベースクライアント、メッセージングシステム
はすべて計装されるべきです。使用しているライブラリが、実際に利用可能な
計装のリストに含まれているかどうかを再確認してください。

□ **SDKはトレース、メトリクス、ログのプロバイダーを登録していますか**

スパン、メトリクス、ログ（または使用しているシグナル何でも）を明示的に作
成する関数を実行することで、SDKが正しく登録されていることを確認できま

す。

☐ **エクスポーターは正しく導入されていますか**

プロトコル、エンドポイント、TLS証明書オプションが設定されていますか。

☐ **正しいプロパゲーターが設置されていますか**

標準のW3Cトレースヘッダーを使うつもりがない場合は、意図したトレースヘッダーが着信HTTPリクエストの一部として含まれているときに、トレースが正しく親IDを記録していることを確認してください。

☐ **SDKはコレクターにデータを送信していますか**

コレクターで、すべてのパイプラインにloggingエクスポーター[†7]を追加し、冗長度をdetailedに設定します。これにより、SDKがコレクターに正常にデータを送信しているかどうかが表示されます。

☐ **コレクターは解析ツールにデータを送信していますか**

SDKがコレクターにデータを送信していることが証明された場合、残るテレメトリーパイプラインの問題は、コレクターと解析ツール間の設定ミスです。

☐ **正しいリソースが送出されていますか**

すべてのサービスに存在すると予想されるすべてのリソース属性をリストアップし、チェックリストに含めましょう。これらのサービスから出力されるトレースやログに、これらのリソースが存在することを確認します。

☐ **すべてのトレースは完全ですか**

トレース解析ツールで、トレースが表示され、トランザクションに参加しているすべてのサービスの計装ライブラリのスパンが含まれていることを確認します。

特定のサービスからの**すべての**スパンがトレースから欠落している場合、このチェックリストの以前の何かがそのサービスで失敗しています。

トレースが端から端まで接続され、完全であるように見えるけれど、途中のど

---

† 7　翻訳注：2024年9月現在、loggingエクスポーターは非推奨となっています。同等の機能を持つdebugエクスポーターを使用してください。https://github.com/open-telemetry/opentelemetry-collector/blob/main/exporter/debugexporter/README.md

こかで期待されるスパンが欠けている場合、その特定のライブラリに対して計装が適切に設定されていません。

□ **トレースは壊れていませんか**

トレースが正常にバックエンドに到達したにもかかわらず、複数の別々のトレースとして表示される場合、トレースは壊れています。これは、スパンが親スパンなしで作成され、その結果、新しいトレースIDが作成された場合に起こります。

サービス間でトレースが途切れている場合は、それぞれの部分トレースでCLIENTとSERVERのスパンが一致しているかどうかを確認します。これらのスパンのどちらかが欠けている場合、HTTP計装の一部が欠けていることになります。

CLIENTとSERVERのスパンが存在する場合、クライアントSDKとサーバーSDKの両方が同じプロパゲーションフォーマット（W3C、B3、X-Rayなど）を使用するように設定されているかどうかを確認します。それらが正しく設定されている場合、HTTPリクエストを検査し、トレースヘッダーが実際に存在するかどうかを確認します。それらが存在しない場合、クライアントは正しくプロパゲーションヘッダーを注入できていません。存在する場合は、サーバーがヘッダーの正しい抽出に失敗しています。

このチェックリストのすべてがパスしたら、おめでとうございます！あなたのサービスはOpenTelemetryで適切に計装され、本番稼働が可能です。

5.7　すべてをパッケージングする

もしあなたがOpenTelemetryを使っているなら、おそらくアプリケーションの一部として複数のサービスを持っているでしょう。大規模な分散システムには何百もの異なるサービスがあり、そのすべてを計装する必要があります。これは、システムの異なる部分を所有する複数の開発チームを巻き込むことになるかもしれません。

システムの規模に関係なく、1つのアプリケーションの計装に成功したら、残りのアプリケーションにOpenTelemetryを簡単に追加できるように、すべてをパッケージ化するのが良いでしょう。また、内部的なドキュメントを書いて、あなたの組織特有の設

定やセットアップ手順をすべて説明するのも良いでしょう（オブザーバビリティの展開については9章を参照）。

OpenTelemetryを使ってアプリケーションをセットアップするのはやっかいなことです。主要なコンポーネントが何なのか、そして、それらが互いにどのように関連しているのかを理解することで、すべてが正しく導入されたことを確認し、問題があればデバッグすることが容易になります。

OpenTelemetryをパッケージ化する素晴らしい方法の1つは、ライブラリやフレームワークに直接計装を追加することです。これにより、インストールするパッケージの数が減り、アプリケーションへのインストールが簡単になります。次の章では、その方法について説明します。

5.8　まとめ

大規模システムの再計装に必要な作業（それはとても労力がかかり、時間も必要です）は、しばしばベンダーロックインの一形態となります。しかし、OpenTelemetryの利点は、一度完了すれば、それで終わりなのです！解析ツールやベンダーを変えたとしても、二度とそのプロセスを踏む必要はありません。OpenTelemetryへの切り替えは、すべてのオブザーバビリティシステムで動作する標準への切り替えということなのです。

6章
ライブラリの計装

> 信頼性の代償は、究極のシンプルさの追求です。それは大金持ちがもっとも支払うのが難しい代償です。
>
> アントニー・ホーア[1]

インターネットアプリケーションはどれもよく似ています。アプリケーションのコードは独立したものではありません。開発者は、特定の問題を解決するために、ネットワークプロトコル、データベース、スレッドプール、HTMLといった共通のツールセットを適用します。これが、私たちがそれらを**アプリケーション（適用したもの）**と呼んでいる理由です。これらのアプリケーションが活用するツールは**ライブラリ**と呼ばれ、この章ではそれに焦点を当てます。

共有ライブラリは、多くのアプリケーションで広く採用されているものです。ほとんどの共有ライブラリはオープンソースですが、すべてではありません。2つの注目すべきプロプライエタリな共有ライブラリは、Appleによって提供されるCocoa（https://oreil.ly/CdXVT）とSwiftUI（https://oreil.ly/FAoEo）フレームワークです。そのライセンスに関係なく、ライブラリが広く採用されていることは、通常のアプリケーションコードを計装しているときには存在しない、さらなる課題を生み出す可能性があります。この章で**ライブラリ**という用語を使うときには、この種の共有ライブラリのことを指すこととします。

OpenTelemetryはライブラリの計装用に設計されています。もしあなたがこれらのライブラリのメンテナーなら、この章はあなたのためのものです。1つの組織の内部的

---

[1] "1980 ACM Turing Award Lecture: The Emperor's Old Clothes"（Charles Antony Richard Hoare、1981年、Communications of the ACM 24, no. 2 (February 1981): 75–83）

なライブラリであっても、この後のアドバイスは有益でしょう。ベストプラクティスを探しているのであれば、章末にそのような節があります。

メンテナーとして、自分自身のライブラリを計装するという考えは、斬新なコンセプトかもしれません。私たちはこの実践を**ネイティブ計装**と呼び、計装をサードパーティーが保守する従来のアプローチよりも優れていることを認識してもらえればと思います。また、高品質なライブラリのテレメトリーがオブザーバビリティにとって非常に重要である理由や、メンテナー自身が計装を記述する際に直面する障壁についても取り上げます。

5章で行ったように、ライブラリを計装する際に使用するベストプラクティスのチェックリストを提供します。また、データベースやロードバランサー、Kubernetesのようなコンテナプラットフォームなど、**共有サービス**に付随するベストプラクティスについても触れています。

ネイティブ計装は、ライブラリ自体に含まれる実際のコードだけでなく、ライブラリのメンテナーにとってもユーザーにとっても有益であると私たちが考える、より広範なプラクティスへの扉を開くものです。これらは新しいアイデアであり、ネイティブ計装がより一般的になるにつれて、皆さんと一緒に発展させていけることを楽しみにしています。

6.1　ライブラリの重要性

アプリケーションコードとライブラリの区別は、明白に見えるかもしれませんが、オブザーバビリティに重要な影響を与えます。覚えておいて欲しいのは、本番環境で発生する問題のほとんどは、アプリケーションロジックの単純なバグに起因しているわけではないということです。それは、共有リソースにアクセスするための大量のユーザーからの同時リクエストが、開発時には現れないような予期せぬ動作や連鎖的な障害を引き起こすような形で相互作用することに起因しています。

ほとんどのアプリケーションで、リソースの使用はアプリケーションコード内ではなく、ライブラリコード内で行われます。アプリケーションコード自体が大量のリソースを消費することはほとんどなく、かわりにライブラリコードにリソースの利用を**指示**しています。問題は、アプリケーションコードがライブラリに不適切な指示を出してしまうことです。たとえば、並列でリソースを集めた方が効率的なのに、アプリケーション

に直列でリソースを集めるように指示し、過剰な待ち時間を発生させることがあります（**図6-1**）。

　すべてが遅くなるだけでなく、同じリソースから同時に読み書きしようとする複数のリクエストは、一貫性に関するエラーを引き起こす可能性があります。複数の独立したリソースからデータを読み取るリクエストは、トランザクションの間、すべてのリソースでロックを取得しようとすることで、一貫性のない読み取りを防ごうとするかもしれません。しかしこれは、別のリクエストが同じリソースのロックを異なる順番で取ろうとしたときに、デッドロックを引き起こす可能性があります。このような問題は、アプリケーションロジックのバグであることは**事実です**が、アプリケーションがアクセスしようとする共有システムの基本的な性質によって誘発されるもので、本番環境でのみ顕在化します。

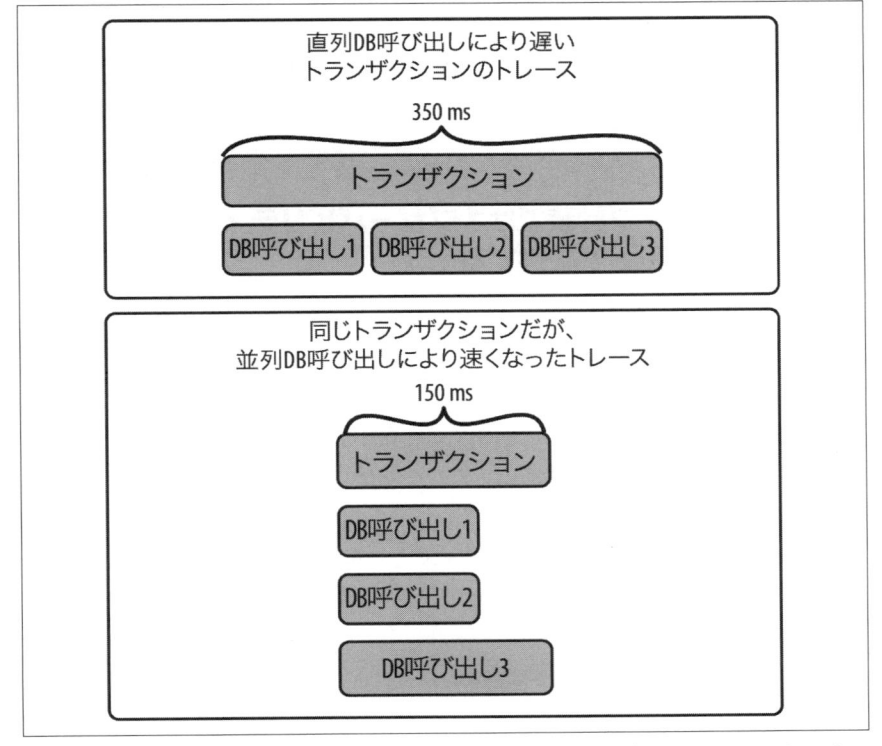

図6-1：データベースの直列呼び出し（上）を並列呼び出し（下）に置き換えることで、レイテンシーを大幅に削減できる。

さらに悪いことに、本番環境の問題はさらに深刻化する可能性があります。データベースへの全体的な負荷が増加すると、そのデータベースへのリクエストはすべて遅くなります。遅いリクエストは、一貫性のない読み取り、デッドロック、その他のバグの可能性を増大させます。デッドロックや一貫性のない読み取りは、さらなる障害へと連鎖し、システム全体に広がる可能性があります。

これらすべての問題を調査する際、ライブラリの利用パターンを見ることが重要です。これは、ライブラリがオブザーバビリティの最前線に位置すること、つまり、ライブラリのための高品質なテレメトリーが重要であることを意味します。

6.1.1 ネイティブ計装を提供する理由

ライブラリのテレメトリーが重要であることは明らかです。しかし、なぜネイティブ計装が重要なのでしょうか。いくつかのフックを提供し、ユーザーが追加したい計装のプラグインを書けるようにすること、あるいは、より良い方法として、オブザーバビリティシステムが自動計装ですべてを動的に挿入することのどこが悪いのでしょうか。

独自（ネイティブ）の計装を書くことは、あなたにとってもユーザーにとっても多くの利点があることがわかります。この節では、これらの利点について詳しく説明します。

6.1.2 ネイティブ計装ではオブザーバビリティが デフォルトで動作する

オブザーバビリティシステムはセットアップが難しいことで有名ですが、その理由の大部分は、ライブラリごとにプラグインをインストールして計装する必要があることです。

しかし、もし計装がデフォルトではすでに存在せず、ユーザーがデータを受け取るために何かをインストールした瞬間に、アプリケーション内のすべてのライブラリで即座にオンになるとしたらどうでしょう。そして、その計装がすべて、HTTPリクエストのような共通の操作を記述するために同じ標準を使用していたらどうでしょう。そうすれば、オブザーバビリティの障壁は劇的に低くなるでしょう。

プラグインの何が問題なのか
プラグインを書かせるフックを提供するかわりに、なぜネイティブ計装が必要なのかと思うかもしれません。

ひとつには、主要な機能をプラグインに委譲した場合、そのプラグインの作成とアップデートを他の誰かに依存することになります。あなたがライブラリの新バージョンをリリースしたとき、正しい計装でリリースされないでしょう。プラグインの作者が気づいてプラグインをアップデートするまで、あなたのユーザーは劣化した体験を持つことになります。

さらに微妙なことですが、プラグインは計装を、ユーザーが任意のコードを実行しても構わないと思える場所に限定します[†2]。プラグインは、ライブラリのランタイムにフックを必要とし、将来サポートしなければならない領域を増やすことになります。アーキテクチャの改良によって、どのフックが利用できるかが変わることがよくあり、プラグインの互換性が損なわれます。フックが多ければ多いほど、互換性の問題は悪化します。

最後に、プラグインやフックは間接的なレイヤーを追加し、オーバーヘッドを増加させる可能性があります。どのようなデータを提供するにしても、計装が使用するフォーマットに変換する必要があり、メモリを浪費します。

6.1.3　ネイティブ計装でユーザーとコミュニケーション

ライブラリのテレメトリーを得ることで、コミュニケーションが円滑になります。ライブラリの管理者として、あなたはユーザーに対する関係と責任を持つ必要があります。テレメトリーはこの関係を維持するための重要な部分であり、あなた自身の声で話すことが重要です。あなたが提供するメトリクスとトレースは、ユーザーがシステムを稼働し続けるために必要なダッシュボード、アラート、障害対応ツールに力を与えます。何かを誤って設定したり、バッファーの最大サイズを超えたり、障害が発生したときに警告を出したいでしょう。これらの問題についてユーザーとコミュニケーションするために、テレメトリーを使用できます。

ユーザーとコミュニケーションする方法の1つは、ドキュメントやプレイブックであり、もう1つはダッシュボードやアラートです。

[†2]　翻訳注：前提知識として、計装を施して計測を行いたい状況では、プログラムのあらゆる箇所がその対象になり得ます。本文が指摘しているように、計装の可能性をプラグイン機構に限定してしまうと、本来行いたい場所での計測が行えない可能性があります。

ドキュメントとプレイブック

　オブザーバビリティを自分のものにすれば、ライブラリがどのように機能するかを説明するのに使える正確なスキーマを入手できます。

　たとえば、トレースを使ってライブラリの構造を説明できます。これにより、新規ユーザーは貴重なフィードバックが得られ、ライブラリの使用方法を視覚化できます。ライブラリを不正確に使ってしまう状況はたくさんあります。たとえば、並列化できるはずの操作を直列に実行したり、キャッシュやバッファーの設定を最適化しなかったり、適切な場合にクライアントやオブジェクトを再利用するのではなく、再インスタンス化したり、ミューテックスの不適切な使用によるデータの意図しない変異を起こしたりするなどといった内容です。ユーザーに何を見るべきかを示せば、トレースによって、一般的な了解事項やアンチパターンを簡単に特定できます。

　また、ライブラリが発する警告やエラーを文書化し、それぞれの問題の修正方法を説明するプレイブックも作成できます。多くのライブラリは、さまざまなパラメーターを調整するための設定オプションを提供しています。しかし、ユーザーはいつこれらの設定を変更すべきなのでしょうか、また、正しくチューニングされたことをどのように確認できるのでしょうか。テレメトリーはこれらの指示の基礎となります。

ダッシュボードとアラート

　ライブラリはメトリクスも送出しますが、これは常にユースケースを念頭に置いて設計されるべきです。メトリクスを送出するライブラリは、ダッシュボードのデフォルトセットを推奨すべきです。それはトレースデータから得られる一般的なパフォーマンスメトリクスを含み、新規ユーザーがアプリケーションの監視を開始する際にセットアップすべきものです。ライブラリが送出する正確なテレメトリーを明示的に定義していれば、ダッシュボードとアラートのデフォルトセットを、ユーザーがセットアップする際に必要となる正確な属性名と値を使用して、簡単に記述できます。

　これらはすべて、余分な作業のように聞こえるかもしれませんが、たいへん価値のあるものです。テストなしで作られたライブラリにテストを追加しようとすると、そのライブラリがテスト不可能な方法で作られていることに気づくかもしれません。オブザーバビリティについても同じことが言えます。開発しながらオブザーバビリティに取り組み、ユーザーがそのオブザーバビリティをどのように利用すべきかを記述することで、ライブラリの設計とアーキテクチャを改善できます。明確なコミュニケーションは、話

し手にとっても聞き手にとっても価値があります。

6.1.4　ネイティブ計装が示すパフォーマンスへのこだわり

オブザーバビリティは、テストの一形態とも考えられます。実際、本番システムを稼働させる際に利用できる、**唯一の**テスト形態です。もしテストでなければ、アラートとは何でしょうか。「**X**が**Z**分以上**Y**を超えないことを期待する」というのは、確かにテストのように見えます。

しかし、開発中のテストの一形態としてオブザーバビリティを利用することもできます。一般的に言って、開発者は論理エラーのテストには多くの時間を費やしますが、パフォーマンスの問題やリソースの使用状況のテストにはほとんど時間を割きません。レイテンシー、タイムアウト、リソースの競合、負荷がかかったときの予期せぬ動作などから、本番環境で連鎖的に発生する問題がいかに多いかを考えると、このことは見直す価値があります。

業界として、私たちはオブザーバビリティを第一級市民にする必要がある段階に達しています。テストと同じように、オブザーバビリティは開発プロセスの重要で有益な一部であるべきで、後づけされるべきものではありません。そして、もしライブラリのメンテナーが彼ら自身のオブザーバビリティを管理しないのであれば、第一級市民には決してなり得ません。

6.2　なぜライブラリがまだ計装されていないのか

ライブラリのテレメトリーがいかに重要かわかったと思いますが、現在、テレメトリーを送出しているライブラリはほとんど**皆無**に等しいことに驚くかもしれません。ライブラリの計装は、ほとんどの場合、メンテナー以外の誰かが書き、後から実装されます。なぜでしょうか。理由は2つあります。構成とトレースです。

オブザーバビリティシステムはうまく構成できません。これまで、計装は常に特定のオブザーバビリティシステムと結びついていました。計装ライブラリを選ぶということは、クライアントとデータフォーマットを選ぶということでもありました。

では、もしあなたがあるオブザーバビリティツールを選び、別のライブラリが別のツールを選んだらどうなるでしょうか。ユーザーは、2つのまったく別のオブザーバビリティツールを実行しなければならなくなります。より可能性が高いのは、サードパー

ティーのエージェントや統合に頼って、あなたが選んだツールと彼らが選んだツールの間で翻訳をしなければならないことです。これは、ほとんどのライブラリの作者にとっての現状です。彼らは、メトリクスに変換可能なログを発行し、空白を埋めることをユーザーに委ねています。

　エラーのロギングという単純なことでさえ、問題になることがあります。どのロギングライブラリを選ぶべきでしょうか。多くのユーザーがいる場合、正解はありません。あるユーザーはあるロギングライブラリを使い、あるユーザーは別のライブラリを使います。ほとんどの言語では、この問題を緩和するためにさまざまなロギングファサード[†3]を提供していますが、真に普遍的な解決策はありません。stdoutへのロギングでさえ、一部のユーザーにとっては問題となるでしょう。**図6-2**が示しているように、ライブラリのメンテナーができる選択は、すべてのアプリケーションで正しいとは限りません。

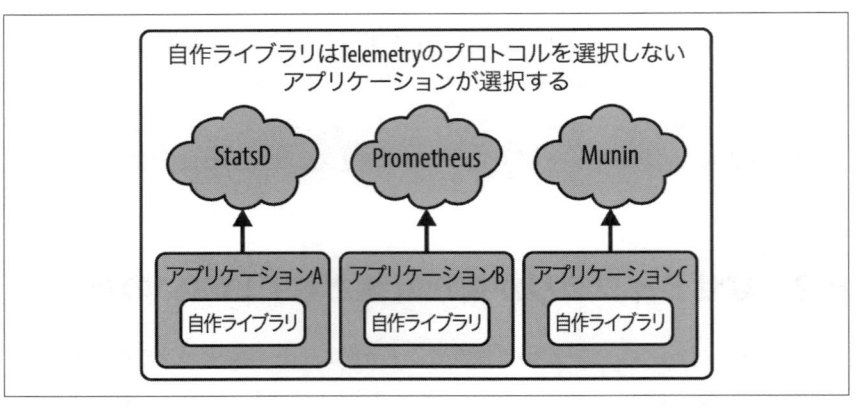

図6-2：異なるアプリケーションが異なるオブザーバビリティシステムを使用する場合、正しい答えはない

　そのため、ライブラリの作者やメンテナーは門前払いされることになります。というのも、ライブラリの作者やメンテナーは、オブザーバビリティシステムを選択する立場にないからです。アプリケーション全体に影響を与えるので、アプリケーションのメン

---

†3　翻訳注：Facade（ファサード）パターンとは内部では複数の独立した機能を組み合わせるけれど、外部には1つの窓口のみを提供するというデザインパターンの一種です。語源のfaçadeとはフランス語で「建物の正面」という意味です。

テナーはこの選択をしなければなりません。

　トレースは、ライブラリのオブザーバビリティを妨げる真の要因です。複数のログシステムとメトリクスシステムを使いこなすのは非効率的で煩わしいですが、可能です。物事が本当に破綻するのは、トレースです。トレースはライブラリの境界を越えてコンテキストを伝搬するので、すべてのライブラリが同じトレースシステムを使用している場合にのみ機能します。

　一握りの言語が、ライブラリ間で相互運用できるログとメトリクスのインターフェイスを提供しています。しかし、この記事を書いている時点では、OpenTelemetry とその前身である OpenTracing を除いて、ライブラリの計装に利用可能なトレーシングの選択肢はありません[†4]。それでは、OpenTelemetry がライブラリの計装に適している理由を見てみましょう。

6.3　OpenTelemetryはどのようにライブラリをサポートするように設計されているか

　計装は、**横断的な関心事**です。つまり、コードベースのあらゆる部分で使用され、あらゆる場所に影響を与えるサブシステムです。セキュリティや例外処理も、横断的な関心事の一例です。

　通常、API 呼び出しをあちこちに散りばめるのはアンチパターンです。機能を区分けすることは、アプリケーション設計のベストプラクティスであり、異なるライブラリが相互作用する場所の数を制限することでもあります。たとえば、データベースへのアクセスを扱うコードはすべて、コードベースのある部分にカプセル化した方が良いでしょう。HTML のレンダリングや他のあらゆる種類のコードに混じって、SQL の呼び出しがあちこちで見られるのは警戒すべきことです。

　しかし、横断的な関心事は、アプリケーションのあらゆる部分と相互作用しなければならないので、これらのソフトウェア機能のインターフェイスを細心の注意を払って扱

---

†4　翻訳注：著者が両者ともに OpenTracing のメインメンテナーであったためこのような記述になっていますが、OpenTracing とともに OpenTelemetry の前身であった OpenCensus も同様にライブラリの計装に利用可能なインターフェイスを提供していました。そもそも OpenTelemetry の発足は OpenTracing と OpenCensus がトレースに関して同様の目的を持っていたために起きたものです。詳細はこちらのブログ記事を参照してください。https://medium.com/opentracing/a-roadmap-to-convergence-b074e5815289

う必要があります。この節では、横断的な関心事を記述するためのベストプラクティス
をいくつか見ていき、それらのプラクティスにしたがうことで、OpenTelemetryがライ
ブラリの計装にどのように適しているかを紹介します。

6.3.1 OpenTelemetryは計装APIと実装を分離する

　先に、個々のライブラリがライブラリ固有のテレメトリーを送出する一方で、エンド
ユーザーは、全体として、すべてのテレメトリーをどのように処理し、エクスポートす
るかについて、アプリケーション全体の選択をする必要があることを指摘しました。つ
まり、特定のライブラリの計装を書くことと、アプリケーション全体のテレメトリーパ
イプラインを構成することです。2人の異なる人物、ライブラリのメンテナーとアプリ
ケーションのメンテナーがこれらの関心事を扱います。

　この関心事の分離は、OpenTelemetryのアーキテクチャに私たちを引き戻します。
OpenTelemetryは、まさにこの理由で、計装APIを実装から分離しています。ライブ
ラリのメンテナーは、彼らが所有するコードの計装を書くためのインターフェイスが必
要であり、アプリケーションのメンテナーは、プラグインやエクスポーターをインストー
ルして設定し、その他のアプリケーション全体の決定をする必要があります。

　依存関係の競合には、APIの互換性のないバージョン（この節で後述）が含まれます
が、それだけにとどまりません。そのAPIパッケージ**自体**が多数の依存関係に依存して
いる場合、それらの依存関係自体が問題を引き起こす可能性があります。

　APIと実装を分離することで、この問題は解決します。API自体には依存関係がほと
んどありません。SDKとそのすべての依存関係は、アプリケーション開発者がセット
アップ時に一度だけ参照します。つまり、アプリケーション開発者は異なるプラグイン
や実装を選択するだけで、依存関係の衝突を解決できます。

　この疎結合のパターンによって、OpenTelemetryは、所有者の異なる多くのアプリ
ケーションに導入される共有ライブラリに計装を組み込むという問題を解決できます。

6.3.2 OpenTelemetryは後方互換性を維持する

　APIと実装を分離することは重要ですが、それだけでは十分ではありません。APIは、
それを使用するすべてのライブラリ間で互換性を維持する必要もあります。

　もしAPIが頻繁に壊れ、新しいメジャーバージョンが定期的に公開されるとしたら、
互換性は壊れてしまうでしょう。プロジェクトがセマンティックバージョンに正しくし

たがい、責任ある方法で新しいメジャーバージョンをリリースするのであれば問題には
なりません。新しいメジャーバージョン番号は、アプリケーションが2つのライブラリ
に依存し、その2つのライブラリが互換性のない第3のライブラリのバージョンに依存
する場合に発生する**推移的依存の競合**（transitive dependency conflict）を引き起こす
でしょう（**図6-3**を参照）。

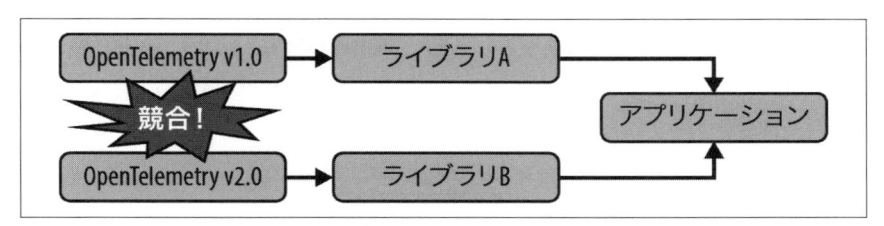

図6-3：異なるメジャーバージョンのAPIに依存する2つのライブラリは、同じアプリケーション
にコンパイルできない。

この問題を回避するために、すべてのOpenTelemetry APIは後方互換性があります。
実際、後方互換性はOpenTelemetryプロジェクトの厳格な要件です。私たちは、一
度書かれた計装は二度と更新されないことを想定しなければなりません。したがって、
OpenTelemetryでは、安定したAPIはv1.0としてリリースされ、v2.0をリリースする予
定はありません。これにより、既存の計装は10年先の未来でも動作し続けることが保
証されます。

6.3.3　OpenTelemetryはデフォルトで計装をオフ

OpenTelemetryを使っていないアプリケーションにライブラリが導入された場合、計
装はどうなるでしょうか。何も起こりません。OpenTelemetry APIの呼び出しは常に安
全です。例外を投げることはありません。

ネイティブ計装では、OpenTelemetry API は、いかなるラッパーや間接参照もなく、
ライブラリのコード内で直接使われます。OpenTelemetry API はオーバーヘッドがゼロ
で、デフォルトではオフになっているので、ライブラリのメンテナーは、プラグインや、
動作するために設定が必要なラッパーの中ではなく、コードに直接OpenTelemetry計
装を埋め込めます。

なぜこれが重要なのでしょうか。なぜなら、どのライブラリも計装を有効にするため
にプラグインや設定の変更を必要とするので、エンドユーザーは自分のアプリケーショ

ンをオブザーバビリティがある状態にするために多くの作業をしなければならないから
です。エンドユーザーは、計装がオプションとして用意されていることを見逃すかもし
れません！

　5つのライブラリを使うアプリケーションを想像してみてください（**図6-4**に描かれて
います）。今、設定が必要な場所が5箇所あり、これはアプリケーションを観察するの
に重要なテレメトリーを有効にするのに失敗する機会が5箇所あることになります。

　ネイティブ計装では、設定は必要ありません。**図6-5**が示すように、ユーザーがSDK
を登録すると、即座にすべてのライブラリからテレメトリーを受信し始めます。ユー
ザーは追加のステップを踏む必要はありません。

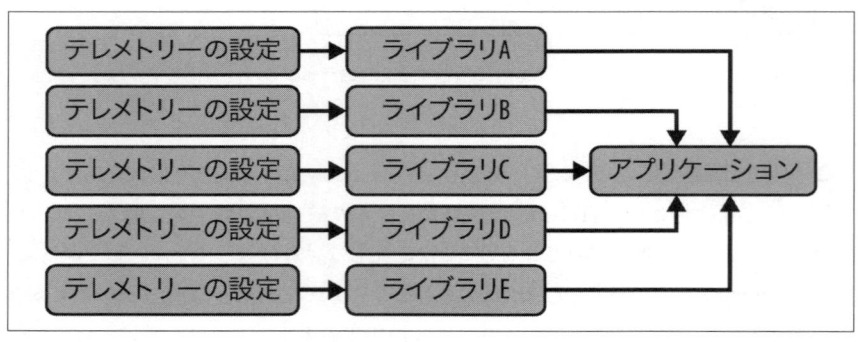

図6-4：非ネイティブの計装は、多くの設定を必要とします。

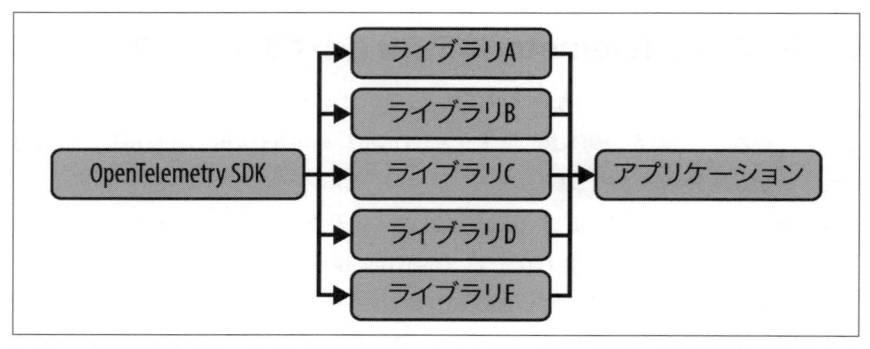

図6-5：SDKがインストールされると同時に、すべてのネイティブ計装が自動的に有効になりま
　　　す。

6.4　共有ライブラリチェックリスト

　では、ライブラリを計装する場合、何をすべきなのでしょうか。これ以降のベストプ
ラクティスのチェックリストには、成功するアプローチと思われるものがまとめられて
います。これらのことを実行すれば、あなたのライブラリをもっともオブザーバビリティ
があり、操作しやすいライブラリにできます。

☐ **OpenTelemetry をデフォルトで有効にしていますか**

OpenTelemetry をデフォルトで無効にするオプションとして提供したくなる
かもしれません。そうすることで、ユーザーがOpenTelemetry実装を登録し
たときに、あなたのライブラリが自動的に計装を有効にするのを妨げてしま
います。OpenTelemetry APIはデフォルトではオフで、アプリケーションの
オーナーがオンにしたときだけ有効になることを覚えておいてください。もし、
OpenTelemetryを有効にするために、ユーザーにライブラリの設定を要求する
ようなステップを追加すれば、ユーザーがOpenTelemetryを使う可能性は低
くなるでしょう。

☐ **APIのラップは避けましたか**

OpenTelemetry APIをカスタム APIでラップしたくなるかもしれませんが、
OpenTelemetry APIはプラグイン可能です！ユーザーが別の実装を望むなら、
それをOpenTelemetryプロバイダーとして登録でき、OpenTelemetryを使う
すべてのライブラリでその実装を有効にできます。

☐ **既存のセマンティック規約を利用しましたか**

OpenTelemetryは、HTTPリクエスト、データベース呼び出し、メッセージ
キューのような、もっとも一般的なオペレーションを記述するための標準ス
キーマである**OpenTelemetryセマンティック規約**を提供します。セマンティッ
ク規約（https://oreil.ly/9PD90）を見直して、あなたの計装が、適用されると
ころでは必ずそれを使うようにしてください。

☐ **新しいセマンティック規約を作りましたか**

あなたのライブラリに特有な操作については、既存のセマンティック規約を
ガイドとして使い、独自の規約を書いてください。ユーザーのために、それら

の規約を文書化してください。あなたのライブラリが複数の言語で複数の実装を持つ場合、他のライブラリのメンテナーが使えるように、あなたの規約をOpenTelemetryにアップストリームすることを検討してください。

☐ **APIパッケージだけをインポートしましたか**

計装を記述する際、誤ってSDKパッケージを参照してしまうことがあります。ライブラリが参照するのはAPIパッケージだけであることを確認してください。

☐ **ライブラリをメジャーバージョン番号に固定しましたか**

他のライブラリとの依存関係の衝突を避けるために、あなたのライブラリは、OpenTelemetry APIの将来のバージョン（次のメジャーバージョンまで）に依存できるようにすることが重要です。たとえば、あなたのライブラリがバージョン1.2.0で追加されたAPI機能を必要とする場合、バージョン範囲v1.2.0 < v2.0.0を要求すべきです[5]。

☐ **包括的なドキュメントを公開しましたか**

あなたのライブラリが生成するテレメトリーを説明するドキュメントを公開してください。特に、あなたが作成したライブラリ固有の規約については、必ず説明してください。ライブラリが提供するテレメトリーに基づいて、ライブラリを正しくチューニングし、操作する方法のプレイブックを提供してください。

☐ **パフォーマンスをテストし、その結果を共有しましたか**

パフォーマンステストを作成し、結果をユーザーへ提供するために、あなたが持っているテレメトリーを使用してください。

6.5　共有サービスチェックリスト

　これまで、ユーザーが共有ライブラリを自分のアプリケーションに組み込む方法について説明してきましたが、もう1つのタイプのオープンソースシステムである**共有サービス**も注目に値します。これは、データベース、プロキシ、メッセージングシステムな

---

[5]　OpenTelemetryはバージョン2.0をリリースする予定はありませんが、新しいメジャーバージョンに依存することをすすめるのは悪い習慣です。多くのソフトウェアの後方互換性があまりに悪いので、ユーザーはどんな種類のアップデートに対しても不信感を抱いてしまいますが、ここでは、マイナーバージョンアップは本当にマイナーバージョンアップなのだと信じてください。

ど、完全に自己完結型のスタンドアローンアプリケーションです。

　共有サービスを計装する場合、共有ライブラリのベストプラクティスはすべてそのまま適用されます。次の項目も追加することを推奨します。

☐ **OpenTelemetryの設定ファイルを使いましたか**

標準のOpenTelemetry設定オプションと環境変数を公開することによって、他のすべてのサービスと同じように、システムが生成したテレメトリーをユーザーが設定できるようにします。

☐ **デフォルトでOTLPを出力していますか**

追加のエクスポーターやプラグインを含めても構いませんが、デフォルトのエクスポートオプションとしてはOTLP over HTTP/gRPCを提供するだけで十分です。ユーザーは、コレクターを使用することで、この出力を下流で分割して変換できます。

☐ **ローカルコレクターをバンドルしましたか**

仮想マシンまたはコンテナイメージを提供する場合は、マシンメトリクスと追加リソースをキャプチャするためにローカルコレクターをインストールしたバージョンを提供することを検討してください。

6.6　まとめ

　計装を自分で書けなければ、テレメトリーを作成するのは難しいでしょう。そしてテレメトリーを作成できなければ、パフォーマンスを気にするのは困難です。管理と責任を適切な人に委ねることは、人々がオブザーバビリティを再設計し、再考するのを支援する上での、OpenTelemetryの重要な部分です。

　私たちは、皆さんが私たちの意見に同意し、この章がご自分の開発プラクティスにオブザーバビリティを取り入れる、あらゆる方法を検討する助けになったことを願っています。5年後には、開発者が実行時のオブザーバビリティをテストと同じくらい重要なものだと考えるようになっていることを願っています。もしあなたがこの考えに感銘を受けたのであれば、私たちと一緒にこの夢を実現しましょう！

7章
インフラストラクチャの観測

私たちは、都市を建設するのと同じようにコンピューターシステムを構築する。時間をかけて、計画なしに、廃墟の上に。

Ellen Ullman[1]

クラウドコンピューティングやサーバーレスなど、プログラマーがプログラムの実行場所や実行方法を気にする必要がなくなることを約束するテクノロジーが数多く進歩しているにもかかわらず、私たちはいまだに「ソフトウェアはハードウェアの上で動作せざるを得ない」という基本的な事実に阻まれています。しかし、変わったのはハードウェアとの関わり方です。むき出しのシステムコールに依存するのではなく、ますます洗練されたAPIや、ソフトウェアを動かす基礎となるインフラストラクチャの抽象化に大きく依存しています。

インフラストラクチャは物理的なハードウェアに限定されるものではありません。惑星規模のクラウドコンピューティングプラットフォームは、鍵管理からキャッシュ、テキストメッセージゲートウェイまで、あらゆるもののマネージドサービスを提供しています。AIやMLを活用した新しいサービスは毎週のように登場し、新しいオーケストレーションやデプロイメント手法は、コードを実行する場所や方法において、よりスピードと柔軟性を約束してくれます。

インフラストラクチャはどんなソフトウェアシステムでも重要な部分であり、インフラストラクチャリソースを理解することは、オブザーバビリティの重要な部分です。この章では、OpenTelemetryを使ったインフラストラクチャのオブザーバビリティをカ

---

[1]　"Kill It with Fire: Manage Aging Computer Systems (and Future Proof Modern Ones)"（Marianne Bellotti、2021年、No Starch Press、ISBN9781718501188）のEllen Ullmanによる序文より引用。

バーし、システムのこの部分をどのように理解しモデル化するかについて説明します。

7.1　インフラストラクチャのオブザーバビリティとは何か

　システムのCPU使用率、メモリ使用量、ディスクの空き容量、あるいはリモートホストの稼働時間などを監視するような、インフラストラクチャの**監視**は、ほぼすべての開発者や運用担当者が経験しているでしょう。監視は、コンピューターを扱う上できわめて一般的な作業です。インフラストラクチャの**オブザーバビリティ**と監視タスクを隔てるものは何でしょうか。それはコンテキストです。あるKubernetesノードがどれだけのメモリを使用しているかを知ることは有用ですが、その統計情報はシステムのどの部分がそれに影響を与えているかについてはほとんど教えてくれません。

　インフラストラクチャのオブザーバビリティは、インフラストラクチャプロバイダーとインフラストラクチャプラットフォームの2つに関係しています。**プロバイダー**とは、データセンターやクラウドプロバイダーのような、インフラストラクチャの実際の「供給源」です。Amazon Web Services（AWS）、Google Cloud Platform（GCP）、Microsoft Azureはインフラストラクチャプロバイダーです。

　プラットフォームは、何らかのマネージドサービスを提供するプロバイダーの上位抽象化であり、その規模、複雑さ、目的はさまざまです。コンテナのオーケストレーションを支援するKubernetesは、プラットフォームの一種です。AWS Lambda、Google App Engine、Azure FunctionsなどのFaaS（**サービスとしての関数**）は、サーバーレスプラットフォームです。プラットフォームは必ずしもコードやコンテナランタイムに限定されません。Jenkinsのような継続的インテグレーションと継続的デリバリー（CI/CD）プラットフォームもインフラストラクチャプラットフォームの一種です。

　インフラストラクチャのオブザーバビリティを全体的なオブザーバビリティプロファイルに組み込むのは難しいかもしれません。なぜなら、インフラストラクチャリソースは共有されることがほとんどであり、多くのリクエストが同じユニットのインフラストラクチャを同時に使用する可能性があるため、インフラストラクチャとサービス状態の相関関係を把握するのが難しいからです。この相関を行う能力があったとしても、得られるデータは有用でしょうか。インフラストラクチャは、これらの洞察に基づいて行動できるように設計する必要があります。

オブザーバビリティに関しては、「何が重要か」という簡単な分類ができます。要するに

- 特定のインフラストラクチャとアプリケーションのシグナル間のコンテキスト（ハードまたはソフト）を確立できるか
- オブザーバビリティによってこれらのシステムを理解することは、特定のビジネス／技術的目標の達成に役立つのか

これらの質問に対する答えが両方とも「いいえ」であれば、おそらくそのインフラストラクチャのシグナルをオブザーバビリティのフレームワークに組み込む必要はないでしょう。だからといって、そのインフラストラクチャを監視したくない、あるいは監視する必要がないということではありません！ただ、監視には、オブザーバビリティのために使うのとは異なるツール、プラクティス、戦略を使う必要があるということです。

プロバイダーとプラットフォームについて、これらの疑問に目を向けながら、どのようなテレメトリーシグナルが必要で、OpenTelemetryがどのようにその取得を支援できるかについて、順を追って説明しましょう。最初に、仮想マシンやAPIゲートウェイなどのクラウドインフラストラクチャからシグナルを収集するためにOpenTelemetryを使うことについて説明します。その後、Kubernetes、サーバーレス、イベントドリブンアーキテクチャのためのオブザーバビリティ戦略について深く見ていきます。

7.2 クラウドプロバイダーを観測する

クラウドプロバイダーは、テレメトリーデータが流れてくるホースを提供します。あなたの責任は、もっとも関連性の高いものだけを取り出して保存することです。では、どのインフラストラクチャデータが関連性のあるものなのか、どうすればわかるのでしょうか。

あなたが答えなければならないもっとも重要な質問は「どのようなテレメトリーデータが自分のオブザーバビリティにとって価値があるか」です。AWS上の単一のEC2インスタンスを考えてみましょう。ヘルスチェック、CPU使用率、ディスクへの書き込みバイト数、ネットワークトラフィックの流入と流出、消費されたCPUクレジットなど、さまざまなものがあります。そのインスタンス上で実行されるJavaサービスは、ガベージコレクション、スレッド数、メモリ消費量などの統計情報など、さらに多くのメトリ

クスを公開するでしょう。このインスタンスとサービスは、システムログ、カーネルロ
グ、アクセスログ、JVMランタイムログなども作成します。

　各クラウド上の各サービスからのテレメトリーを管理するための、完全に権威あるガ
イドを提供することはできません。そのかわりに、どのような種類のサービスがクラウ
ドネイティブアーキテクチャで一般的かを見て、OpenTelemetryを通してそれらのシグ
ナルを管理するためのソリューションをいくつか調べてみましょう。

　クラウドプロバイダーを通じて利用できるサービスは、大きく2つのグループに分
類できます。1つ目は、オンデマンドの仮想マシン、blobストレージ、APIゲートウェ
イ、マネージドデータベースなど、コンピュート（計算）、ストレージ（保管）、ネット
ワーキング（通信）などの機能を提供するオンデマンドでスケーラブルなサービスを含
んだ**ベアインフラストラクチャ**[†2]です。2つ目は**マネージドサービス**で、オンデマンド
のKubernetesクラスター、機械学習、ストリームプロセッサー、サーバーレスプラッ
トフォームなどがあります。

　従来のデータセンターでは、メトリクスやログの集計は自分で行うことになります。
クラウドプロバイダーは通常、Amazon CloudWatchのようなサービスを通じてこのス
テップを実行してくれますが、自由に収集することもできます。OpenTelemetryの既存
のレシーバーやカスタムレシーバーを使って行えます。

　OpenTelemetryは、トレースによって提供されるハードコンテキストの上に構築され
ていることを学びました。また、パフォーマンス改善のための有意義な機会を提供する
トランザクションの全体像の把握が、オブザーバビリティの重要な部分であることも学
んだでしょう。それを念頭に置いて、クラウドインフラストラクチャのメトリクスとロ
グをOpenTelemetry戦略に統合することについて、より深く掘り下げてみましょう。

7.2.1　クラウドのメトリクスとログの収集

　クラウドで構築しているのであれば、ほぼ間違いなくすでにメトリクスやログを収集
しているはずです。各クラウドプロバイダーは、さまざまなサービスやエージェントを
提供し、システム監視データやログコンテンツを自社（あるいはサードパーティー）の
監視サービスに送信しています。OpenTelemetryを利用する際に、あなたが答えなけ

[†2]　翻訳注：「ベア（bare）」とは「（本来あるべきものがない）むき出しの」という意味の形容詞です。
たとえば「ベアメタル」はIT用語として、OSやその他ソフトウェアがインストールされていない
物理サーバーやハードディスクなど指します。

ればならない疑問は、「どのシグナルがオブザーバビリティにとって価値があるのか」ということです。クラウドテレメトリーは、**図7-1**に示されているような「氷山」と考えることができます。OpenTelemetryはこれらすべてのシグナルを収集できますが、それらが全体的な監視態勢にどのように適合するかを考える必要があります。

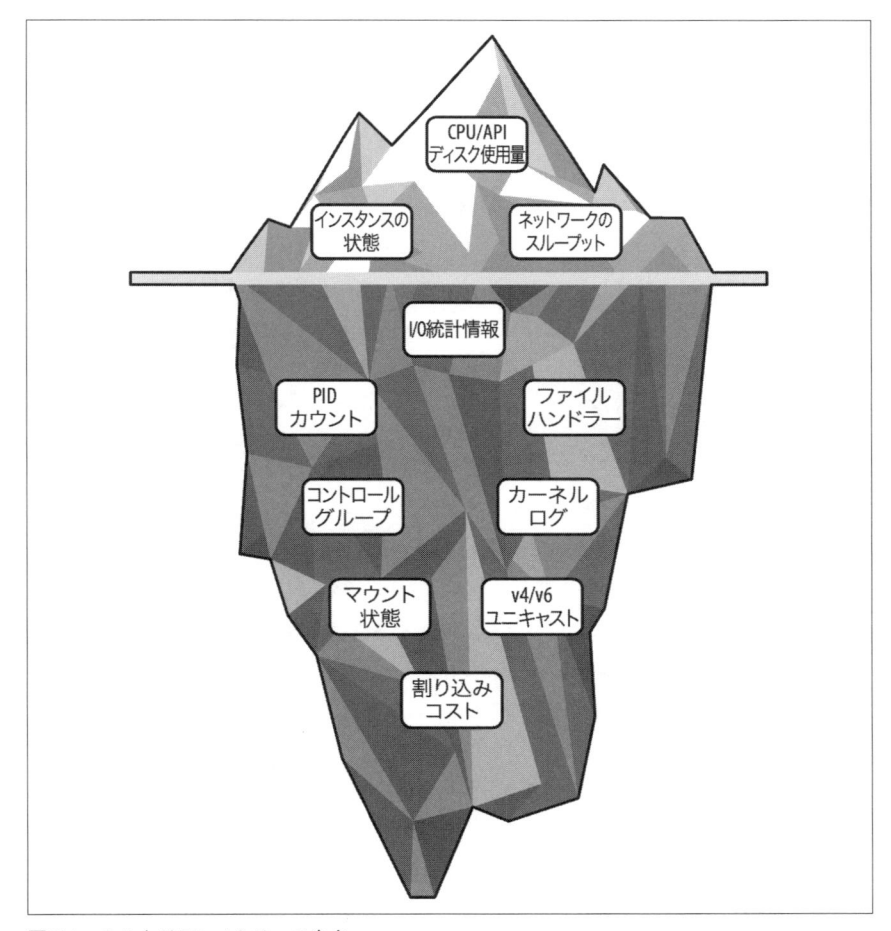

図7-1：クラウドテレメトリーの氷山

インスタンスの状態を例に考えてみましょう。「コンピューターが稼働しているかどうか」は、追跡する上で絶対的に重要なデータのように思えるかもしれませんが、分散

システムでは、1台の仮想マシンが稼働しているか停止しているかだけの情報には、あまり中身がありません。また、インスタンスの可用性メトリクスだけに頼って問題を解決することもないでしょう。インスタンス可用性メトリクスは記録しておくと便利なイベントではありますが、このデータだけを見ても、システム全体の状態についてはよくわからないでしょう。よく設計された分散システムは、たとえば1つのノードがオフラインになったとしても、かなりの回復力があるはずです。

しかし、このイベントをオブザーバビリティシステムの一部として見ると、より有用になります。インスタンスがオフラインであることを、APIゲートウェイやロードバランサーを経由して不適切にルーティングされたリクエストと関連づけることができれば、それを使ってユーザーリクエストのパフォーマンス低下を診断できます。これらのシグナルを使用するメトリクスまたはトレースがSLOに反映される場合、そのデータはビジネスおよびリライアビリティエンジニアリングの全容を示す貴重な一部となります。単一のシグナルが単独では価値がないように見えても、全体的なオブザーバビリティ戦略の一部として、その価値を考慮する必要があります。

そのためには、どのようなシグナルを収集し、どのように使用するのが重要かを検討する必要があります。そのためには、いくつかの基本原則を採用する必要があります。

- セマンティック規約を使用して、（インフラの）メトリクスシグナルとアプリケーションのテレメトリーとの間にソフトコンテキストを構築します。サービスコードとインフラストラクチャから発行されるメタデータが同じキーと値を使用します
- 車輪を再発明する必要はありません。可能であれば、既存の統合やフォーマットを活用してください。OpenTelemetry Collectorには、多くのソースからの既存のテレメトリーをOpenTelemetryプロトコル（OTLP）に変換できる大規模なプラグインエコシステムがあります
- 目的意識を持ってデータを使うこと！どのようにメトリクスやログを収集しているのか、実際に何が必要なのか、どれくらいの期間保存しておく必要があるのかをよく考えるべきです。私たちは、クラウドジョブに10ドル以下のコンピュートリソースを費やした一方で、150ドル以上のログコストが発生した開発者に話を聞いたことがあります！

クラウドのメトリクスやログデータをキャプチャしたり変換したりするための主なツールは、OpenTelemetry Collector（https://opentelemetry.io/docs/collector）にな

るでしょう。LinuxまたはWindowsホストにシステムサービスとしてインストールして直接メトリクスをスクレイピングすることもできますし、複数のコレクターをデプロイしてリモートのメトリクスエンドポイントをスクレイピングすることもできます。インストールと構成のオプションに関する完全な解説は本書の範囲外ですが、この項では、構成と使用のベストプラクティスをいくつか紹介します。

コレクターのDockerコンテナまたはビルド済みバイナリイメージを簡単にプルできますが、本番環境へのデプロイはコレクタービルダー（https://oreil.ly/UOy49）に頼るべきです。コレクタービルダーを使用すると、必要な特定のレシーバー、エクスポーター、プロセッサーを組み込んだカスタムビルドを生成できます。また、コレクターにカスタムモジュールを追加することで最適に解決できる問題に遭遇することがあります。コレクタービルダーを使うことは、こういった問題を簡単に解決する良い習慣です。

属性に関しては、メトリクスパイプラインの初期段階では「多すぎる」くらいの量を選びましょう。存在しないデータを追加するよりも、分析のために送信する前に不要なデータを捨てる方が簡単です。新しいディメンションを追加すると、**カーディナリティ爆発**、つまりメトリクスデータベースが保存する必要のある時系列の数が劇的に増加する可能性がありますが、パイプラインの後半でメトリクスを許可リスト化することによって、これを制御できます。

プッシュ対プル

OpenTelemetryは一般的に、プッシュ型かプル型か（メトリクスがホストから中央サーバーに送信されるシステムか、中央集権サーバーがよく知られたパス（well-known path）からメトリクスをフェッチするシステムか）にとらわれませんが、OTLPにはプル型のメトリクスの概念がないことに注意することが重要です。OTLPを使用する場合、メトリクスはプッシュされます。

OpenTelemetryの採用が増えるにつれ、より多くのベンダーがOTLPフォーマットでメトリックデータをエクスポートするネイティブな製品を作りつつあります。これについてはもう少し詳しく説明します！

コレクターを使用して、仮想マシンやコンテナなどからメトリクスやログデータを直接生成して送信するオプションが常に用意されています。これにはhostmetricsレシー

バー[†3]など、すぐに使える統合機能がたくさんあります。

　手間のかかるリマッピングを避けるために（これについては次項を参照）、既存のメトリクスやログ間で共有したい一握りの属性を見つけ、それらをトレースやアプリケーションメトリクスシグナルに追加するようにしてください。くれぐれも先にトレースやアプリケーションメトリクスの属性から考えないようにしましょう。ゼロから始めるのであれば、システムとプロセスのテレメトリーの取得にコレクターとSDKを用いて、最初からOpenTelemetryを中心に構築することを検討してください。

　より一般的なデプロイアーキテクチャの実装の1つを図7-2に示します。ここでは、コレクターは「ゲートウェイ」として機能し、複数のアグリゲーターやテクノロジーからのテレメトリーを一元化します。コレクターのすべてのコンポーネントがステートレスであるわけではないことに注意してください。たとえば、ログ処理と変換はステートレスですが、Prometheusのスクレイパーはステートフルです。図7-3は、アプリケーションサービスとデータベースを持つアーキテクチャのより高度なバージョンを示しており、各コンポーネントは、シグナルの種類ごとに水平にスケールできる独立したコレクターを持っています。

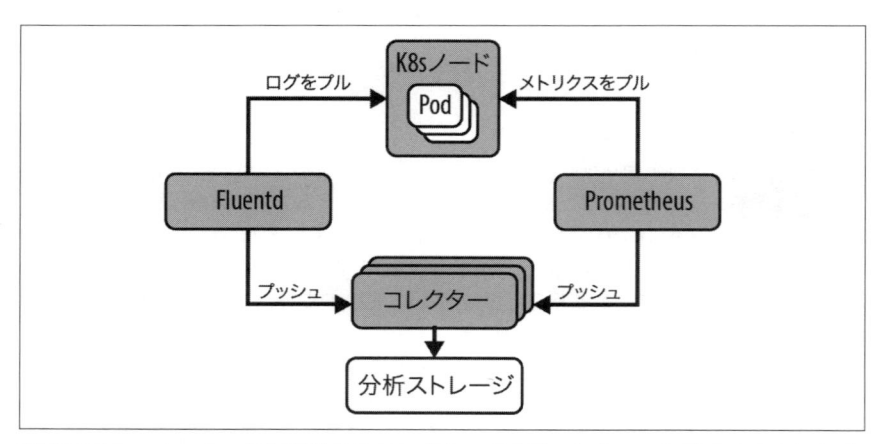

図7-2：Kubernetesノードを監視するコレクターの「ゲートウェイ」デプロイメントで、PrometheusとFluentdがメトリクスとログをスクレイピングし、あらゆるシグナルを処理する外部コレクターに送信します。

---

†3　翻訳注：https://github.com/open-telemetry/opentelemetry-collector-contrib/tree/main/receiver/hostmetricsreceiver

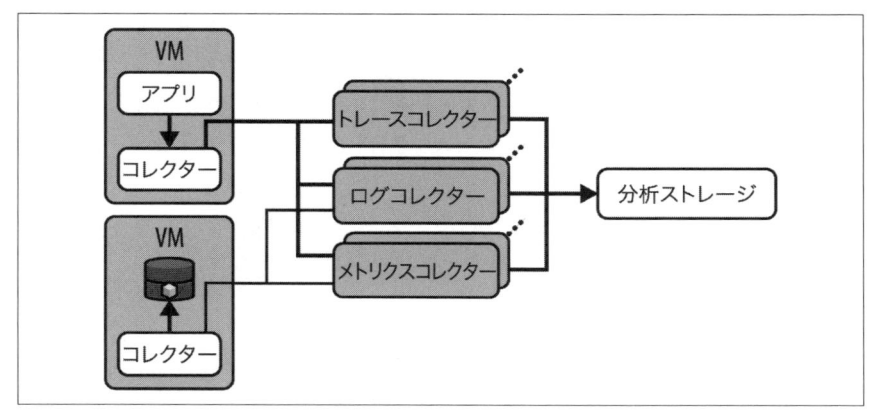

図7-3：図7-2 のようなコレクターの「ゲートウェイ」デプロイメントですが、すべてのテレメト
　　　リーがコレクターの同じプールに送信されるのではなく、異なる種類のシグナルがコレク
　　　ターの特別なプールに送信されます。

7.2.2　メタ監視

　メタ監視、つまりコレクターのパフォーマンスを監視することも重要です。コレク
ターはotelcol_processor_refused_spansやotelcol_processor_refused_metric_
pointsなどのメトリクスを公開しています（メモリバラスト拡張[†4]によって提供されま
す）。これらのメトリクスは、リミッターが原因でコレクターが新しいデータを拒否して
いるかどうかを示します。もしそうであれば、スケールアップする必要があります。同
様に、queue_sizeとqueue_capacityメトリクスの差を計算することで、受信サービス
がビジー状態であるかどうかを確認できます。

　コレクターのキャパシティを計画する際に留意すべき大まかなルールを紹介しましょ
う。

- ホストごと、またはワークロードごとに実験して、コレクターの種類ごとにバラス
  ト（ヒープにあらかじめ割り当てられたメモリのチャンク）の適切なサイズを決めま
  しょう。ストレステストは、上限を把握する良い方法です。
- スクレイピングされたメトリクスでは、**スクレイピングの衝突**（現在のスクレイピ

[†4]　Goのメモリバラストと、GoのコンカレントGCがパフォーマンスに与える影響については、Ross
　　　Engers のブログポスト "Go Memory Ballast" を参照してください（翻訳注 :https://blog.twitch.
　　　tv/en/2019/04/10/go-memory-ballast-how-i-learnt-to-stop-worrying-and-love-the-heap/）。

ングが完了する前に次のスクレイピングが開始される場合）を回避しましょう。

- すべての変換をすぐに実行する必要はありません。重い処理はパイプラインの後段に移せます。これにより、コレクターが使用するメモリと計算量を削減できます。これは、VMまたはホスト上のプロセスと並行して実行されるコレクターにとって特に価値があります。
- テレメトリーを失うくらいなら、少しオーバープロビジョニングした方が良いでしょう！

バラストって何の話？
本書を読む頃には、バラスト拡張は非推奨となり、環境変数 GOMEMLIMIT と GOGC を調整するようになっているかもしれません（詳しくは https://oreil.ly/aAhsP を参照）。すべてのコンポーネントの最新のガイドと機能については、OpenTelemetry のドキュメント（https://opentelemetry.io/docs/）を参照してください。

7.2.3　コンテナ内のコレクター

多くの OpenTelemetry ユーザーは、Kubernetes やその他のコンテナオーケストレーターの一部として、コンテナとしてコレクターをデプロイします。コンテナ内では、メモリ制限とバラストに2の倍数をかけていくのが良いルールです。たとえば、バラストをコンテナメモリの40%に設定し、次にリミットを80%に設定します。これにより、メモリがヒープに事前に割り当てられてクリーンアップされるため、チャーン[5]が減少してパフォーマンスが向上し、コレクターはメモリ不足でクラッシュしたり再起動したりすることなくテレメトリーの生成元にシグナルを送り、テレメトリーの生成を落ち着かせられるようになります。

7.3　プラットフォームの観測

クラウドネイティブアプリケーションは、多くの場合、仮想マシンや物理ハードウェ

---

†5　翻訳注：メモリチャーンとは、オブジェクトの作成と解放が頻繁に行われる状況を指します。「チャーン（chrun）」という単語は元々「激しく動く」という意味で、本文の文脈ではメモリの内容が激しく入れ替わる状況を指しています。ビジネス用語では、継続的利用を前提としたサービスの顧客の解約率を指していて、やはり顧客の入れ替わりが激しいさまを表しています。

ア向けではなく、コンピュート、メモリ、そしてデータの強力で柔軟な抽象化を提供するマネージドプラットフォーム向けに構築されます。OpenTelemetryは、これらのプラットフォームからのテレメトリーデータの収集を支援するために、いくつかの独特な戦略を提供しています。

7.3.1 Kubernetesプラットフォーム

大まかに言えば、OpenTelemetryは2つの方法でKubernetesのエコシステムに統合されます。Kubernetesクラスター上で実行されているアプリケーションを監視し全体像を把握するためのツールと、Kubernetesコンポーネント自身が何をしているかについてのテレメトリーデータです。多くの場合、Kubernetes用に設計されたクラウドネイティブアプリケーションはKubernetes APIと相互作用するため、パフォーマンスの問題、デプロイの問題、スケーリングの問題、その他の本番環境でのインシデントを調査する上で、両方の種類のデータが非常に有用になります。

どちらの場合も、Kubernetes用のOpenTelemetry Operator（https://oreil.ly/_5TcG）を使えば、コレクターインスタンスを管理し、ポッドで稼働しているワークロードの自動計装を行えます。

Kubernetesテレメトリー

Kubernetesは、クラスターの管理に役立つさまざまなイベント、メトリクス、ログを提供しています。最近のリリースでは、KubeletやAPI Serverのようなコンポーネントのトレースも追加され始めています（https://oreil.ly/oRSoU）。OpenTelemetry Collectorはこれらのシグナルを取り込み、処理し、分析ツールに送信できます。

クラスターのサイズ、規模、および複雑さによっては、システムおよびアプリケーションコンポーネントからのログ、メトリクス、およびトレースを独立して処理するために、個別のコレクターデプロイメントを作成できます。OpenTelemetry Operatorには、Target Allocator（TA、https://oreil.ly/5bq8k）と呼ばれるサービス検出メカニズムが含まれており、コレクターがPrometheusエンドポイントを検出してスクレイピングし、それらのスクレイピングジョブを複数のコレクターへ均等に分散できます。

別の選択肢もあります。クラスターメトリクスとログをリッスンする3つのレシーバーであるKubernates Cluster Receiver（https://oreil.ly/0c__c）、Kubernates Events Receiver（https://oreil.ly/Uhqoi）、Kubernetes Objects Receiver（https://oreil.ly/

wbD7b）が利用できます。Kubelet Stats Receiver（https://oreil.ly/ys_GJ）はポッドレベルのメトリクスを取得することもできます。これらのレシーバーは、OperatorのTAベースのアプローチと排他的ではありませんが、どちらかを選択する必要があります。将来的には、単一のレシーバーアプローチについてコミュニティがコンセンサスを得ることを期待していますが、この原稿を書いている時点では未知のギャップがあります。

Kubernetesのレシーバーとは何か

OpenTelemetryコミュニティは、クラスターを監視する最良の方法はレシーバー経由であることにおおむね同意しています。しかし、多くの Kubernetes ベースのアプリケーションは慣習的に Prometheus を使用しており、Prometheus 用の`kube-state-metrics`と`node exporter`プラグインは既存のインストールで広く採用されています。もし既存のアプリケーションやクラスターで動作するものが必要であれば、Operator Target Allocator[†6]が良い選択になりますが、Kubernetes と OpenTelemetryを純粋に新規デプロイするのであれば、レシーバーの方がうまくいくでしょう。コレクターレシーバーで収集されるものと Prometheusで収集されるものの間で差が見つかるかもしれません。ハンズオンをお望みなら、本書のGitHubリポジトリに、純粋にログとメトリクス用に設定したOpenTelemetry Collectorに基づいた例を用意しています。

Kubernetesアプリケーション

OpenTelemetryはアプリケーションがどこで動作しているかには関与しませんが、もしあなたがOpenTelemetryベースの計装をするのであれば、Kubernetesは非常に価値のある豊富なメタデータを提供します。もしあなたがそうした状況にあれば、5章のアドバイスのほとんどが適用できますが、Kubernetesクラスターで動作している既存のアプリケーションでもオペレーターと組み合わせることで利用できる、さらなる利点がいくつかあります。

前述のように、Target Allocatorはクラスター自体で監視するものを検出できます。オペレーターはまた、OpenTelemetryの自動計装パッケージをポッドに注入できる計装

---

†6　翻 訳 注:Operator Target Allocator（TA、https://opentelemetry.io/docs/kubernetes/operator/target-allocator/）はOpenTelemetry Operatorに同梱されるコンポーネントで、コレクターに必要なPrometheusレシーバーの設定をよしなに管理してくれます。

用のカスタムリソースも提供します（https://oreil.ly/i2OPg）。このようなパッケージは、既存のアプリケーションコードにトレース、メトリクス、またはログ（その機能に応じて）の計装を追加できます。しかし、一般的に、一度に使える自動計装は1つだけで、プロプライエタリな計装エージェントはOpenTelemetryのものと衝突します。

　次に示すのは、コレクターアーキテクチャの本番環境への展開に関するいくつかのヒントです。

- 各ポッドでサイドカーコレクターをテレメトリーの第一歩として使用しましょう。プロセスやポッドからサイドカーにテレメトリーをフラッシュすることで、ビジネスサービスのメモリへのプレッシャーを減らせるため、開発やデプロイが容易になります。また、プロセスがビジー状態のテレメトリーエンドポイントで待機する可能性がないため、マイグレーション時や退避時にポッドをよりクリーンにシャットダウンできます。
- コレクターをシグナルの種類ごとに分割しましょう。独立して拡張できます。また、使用パターンに基づいて、アプリケーションごと、あるいはサービスごとにプールを作成することもできます。ログ、トレース、メトリクス処理には、それぞれ異なるリソース消費プロファイルと制約があります。
- テレメトリー作成とテレメトリー設定の間の懸念をきれいに分離することをおすすめします。たとえば、テレメトリーの削減とサンプリングはプロセス内ではなくコレクター上で実行します。ハードコードされた設定をプロセスに置くと、サービスを再デプロイせずに本番環境を調整することが難しくなります。一方で、コレクター設定の調整は、はるかに簡単です。

7.3.2　サーバーレスプラットフォーム

　AWS LambdaやAzure Cloud Functionsのようなサーバーレスプラットフォームは大きな人気を得ていますが、オブザーバビリティという課題をもたらしました。開発者は、サーバーレスプラットフォームの使いやすさと独自の構造を気に入っていますが、オンデマンドでエフェメラル（一時的）な性質は、正確なテレメトリーを得るために特別なツールが必要になります。

　標準的なアプリケーションのテレメトリーに加えて、サーバーレスのオブザーバビリティは、いくつか追加の注意が必要です。

呼び出し時間

> ファンクションの実行時間

リソース使用量

> そのファンクションが使用するメモリと計算量

コールドスタート時間

> 最近使用されていない場合、ファンクションの起動にかかる時間

これらのメトリクスはサーバーレスプロバイダーから入手できるはずですが、アプリケーションのテレメトリー自体はどうやって入手するのでしょうか。OpenTelemetry Lambda Layers（https://oreil.ly/T06_m）のようなツールは、AWS Lambdaの呼び出しからトレースとメトリクスを取得する便利な方法を提供しますが、パフォーマンスのオーバーヘッドが発生することに注意する必要があります。

Lambda Layersを使用できない場合は、ファンクションがテレメトリーデータのエクスポートを待つようにし、ファンクション呼び出しライブラリに制御を戻す前にスパンや測定値の記録を停止するようにしてください。文字列や複雑な属性値は、呼び出しごとに変化しないよう事前に計算し、キャッシュできるようにしておきます。また、テレメトリーがキューに入れられ、エクスポートされるのを待つのを避けるために、関数からテレメトリーを受信する専用のコレクターをファンクションの「近くに」配置してください。

最終的に、サーバーレスインフラストラクチャを観察するための戦略は、アプリケーションアーキテクチャにおいてファンクションがどのような役割を果たすかによって決まります。Lambdaの呼び出しを直接トレースするのをスキップして（または単にヘッダーを通過させて）、属性やスパンイベントを通じてLambdaを呼び出し元のサービスにリンクできるかもしれません。そうすれば、Lambdaサービスのログを使用して特定の実行を特定し、失敗やパフォーマンスの異常に関する詳細を得られます。Lambdaや他のサーバーレスプラットフォームの上に複雑な非同期ワークフローを構築している場合、リクエスト自体の構造に関する詳細な情報に興味があることでしょう。これについては次の項で紹介します。

7.3.3　キュー、サービスバス、その他非同期ワークフロー

　最近のアプリケーションの多くは、Apache Kafkaのようなイベントベースやキューベースのプラットフォームを活用するように書かれています。一般的に、これらのアプリケーションのアーキテクチャは、キュー上のトピックをパブリッシュしたりサブスクライブしたりするサービスを中心に展開されます。このことは、オブザーバビリティに関していくつかの興味深い課題を提起しています。このようなトランザクションをトレースすることは「伝統的な」リクエスト/レスポンスアーキテクチャに比べてあまり役に立たないかもしれません。なぜならこうした仕組みではトランザクションがいつ**終わる**かが不明瞭だからです。したがって、オブザーバビリティの目標、何を最適化したいか、何を最適化できるかについて、かなり多くの決定をする必要があるでしょう。

　銀行ローンを例に考えてみましょう。ビジネスの観点からは、このトランザクションは顧客がローン申込書に記入したときに始まり、支払いが実行されたときに終わります。このフローは論理的にモデル化できますが、このワークフローの技術的な仕組みがモデルを邪魔します。**図7-4**では、トランザクションを操作するいくつかのサービスとキューを図示しています。ビジネスフローはかなり単純ですが、技術的なフローは、順列とギャップを包含する必要があります。

　このような状況にあるかどうかを判断するために、システムアーキテクチャの類似図を描くことが役に立ちます。1つのレコードに対して多くのサービスが動作していませんか。それらのサービスを進めるには、人の介在が必要ですか。ワークフローは同じ場所で始まり、同じ場所で終わりますか。ワークフロー図がツリー状ではなく、「ツリーのツリー」状であれば、おそらく非同期ワークフローです。

　この判断を下すもう1つの方法は、どのような指標を追跡することに興味があるのかを自問することです。ワークフローでいくつのステップが完了したか、あるいは特定のステップが実行されるのにかかった時間の中央値を知りたいのか。あるサービスがレコードを処理し、そのレコードが処理されるまでにかかった時間に興味があるのか。もしそうなら、工夫が必要です。

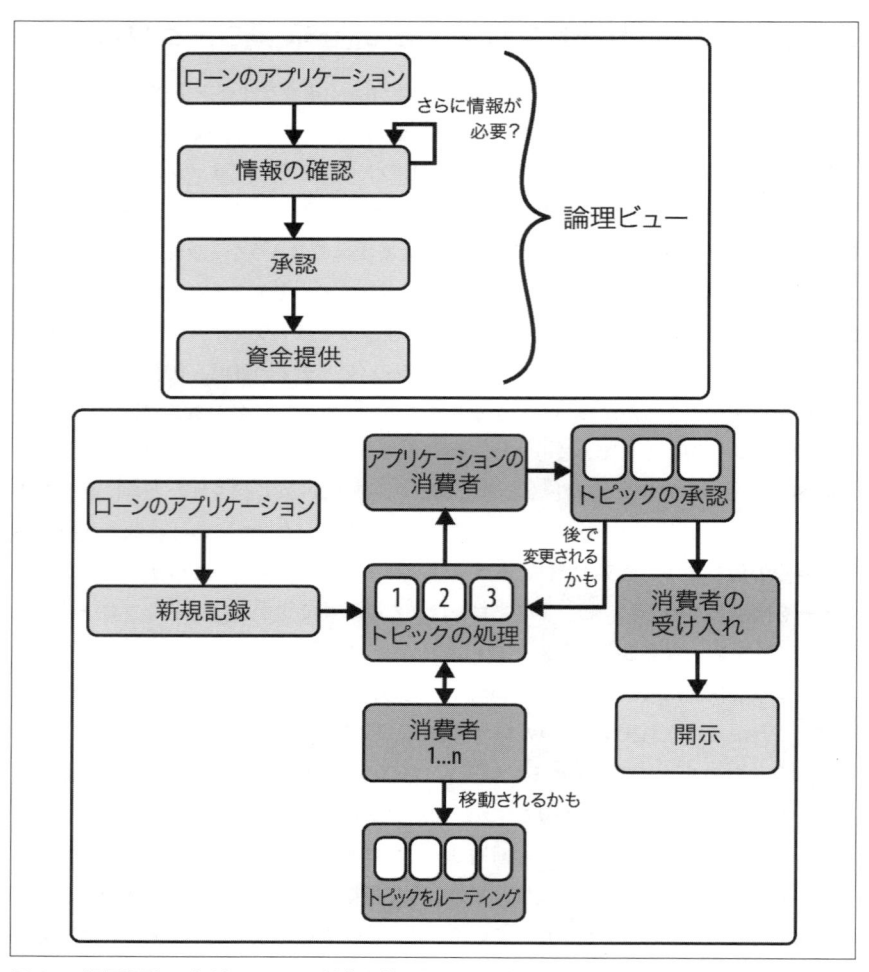

図7-4：銀行取引のビジネスフロー（上）と技術的フロー（下）

　高度に非同期なワークフローを単一のトレースとして考えるのではなく、カスタム相関 ID（トレースセット内の各親スパンに確実に存在する一意な属性、通常はバゲッジを通して伝搬される）、またはスパンリンクを通して伝搬される共有トレース ID によって送信元にリンクされた、多くのサブトレースとして考えてください。**スパンリンク**（https://oreil.ly/JcWS4）を使用すると、明示的な親子関係を持たないスパン間の因果関係を作成できます。この方法でリンクを使用する利点は、サービスが提供されるため

にキューで待機していた時間など、興味深いデータを計算できることです。

　銀行ローンの例では、最初のトレース（トランザクションが作成され、キューに置かれた場所）を「プライマリ」トレースとみなし、各トレースの終端スパンを次のルートスパンにリンクできます。この場合サービスに、メッセージから入ってくるスパンコンテキストを継続ではなくリンクとして扱わせ、古いトレースにリンクしながら新しいトレースを開始させる必要があります。この関係性は古いトレースではなく新しいトレースから開始されるため、このような関係性を逆に発見できる解析ツールが必要になります。この種の相関関係は、一般化されたツールを作成するのが困難であり、そのためにツールが不足しています。しかし、この種の視覚化とスパンリンクの発見に対するサポートは改善されつつあります（オブザーバビリティフロントエンドに関するリソースへのリンクは付録Bを参照）。

　非同期トランザクション内のすべてのサブトレースが同じように有用であるとは限りません。コレクターのフィルターとサンプラーの注意深い使用は、特にどのような疑問に興味があるかがわかっている場合に役立ちます。コレクターではスパンをメトリクスに変換できるため、特定のサブトレースをフィルタリングしてカウントやヒストグラムに変換できます。トレースをリンクしている場合は、親トレースIDをメトリクスに配置する属性として取り込むこともできます。検索ジョブやバッチ処理ジョブのような、ある種のファンアウト／ファンイン作業[†7]があると想像してください。この場合、その特定のジョブが完了するまでにかかった時間でバケット化することですべての子スパンをヒストグラムに変換し、子スパンを完全に削除できます。これにより、関連する作業に関する正確なカウントとレイテンシーを維持しながら、ルートスパン（およびそれに続く子スパン）を保持できます。

7.4　まとめ

　インフラストラクチャのオブザーバビリティは、それを実装し始める前に自身のゴールについて明確で簡潔な考えを持っているとき、もっとも恩恵を得られます。アプリケーションとサービスのオブザーバビリティは、厳密に言えば、それに比べるとかなり

---

†7　翻訳注：ファンアウト／ファンインとは並行処理パターンの形式です。ファンアウトは、あるデータをもとに複数の処理を非同期かつ並列に実行するパターンです。ファンインはその逆で、複数の非同期かつ並列に実行された処理を一箇所で受け取るパターンです。

簡単です。一般的に、アプリケーションのオブザーバビリティのための計装戦略は、仮想マシン、マネージドデータベース、サーバーレステクノロジーを使ったイベント駆動型アーキテクチャには必ずしも当てはまりません。この章から1つだけ教訓を挙げるとすれば、インフラストラクチャのオブザーバビリティ戦略は、全体的なオブザーバビリティの目標によって推進され、システムが生成するオブザーバビリティデータを使用するための組織のインセンティブと一致する必要があるということです。この場合、「一番後ろから始める」ことで、重要で、あなたのチームが実際に使用できるものに集中できます。

8章
テレメトリーパイプラインの
設計

計画そのものは無用だが、計画立案のプロセスは絶対に必要だということだ。
ドワイト・D・アイゼンハワー大統領[1]

　これまでの章では、テレメトリーを発信するコンポーネント（アプリケーション、ラ
イブラリ、サービス、インフラストラクチャ）の管理に焦点を当ててきました。次は、
いったんテレメトリーを取得したら、テレメトリーそのものを管理することに焦点を当
てましょう。すべてのアプリケーション、サービス、インフラストラクチャコンポーネ
ントからテレメトリーを収集し処理することは、持続的で高スループットのオペレー
ションです。分散システムの他の重要なコンポーネントと同様に、コストを最小限に抑
えながら、常に十分なリソースを利用できるテレメトリーパイプラインを設計するには、
慎重な計画が必要です。

　テレメトリーがドロップすると、オブザーバビリティが失われます。システムから送
出されるテレメトリーの量はシステムの負荷に正比例するので、運用担当者は突然のト
ラフィックの急増やアプリケーションの動作が変化するのに対応してテレメトリーパイ
プラインをスケールさせるための明確なプレイブックが必要です。

　テレメトリーパイプラインの運用を計画しているなら、この章はあなたのためのもの
です。システムが成長するにつれて採用したくなる、もっとも一般的なテレメトリーパ
イプラインについて説明します。また、テレメトリーパイプラインに実行させたいさま
ざまな処理についても説明します。この章の最後では、特にKubernetes上のコレクター
の管理に焦点を当てます。

---

[1]　"Six Crises"（リチャード・ニクソン著、1962、Doubleday、ISBN9781299125261）より引用。

8.1　よくあるトポロジー

　ときには、システムが十分に単純であったり、新しいので、テレメトリー管理が必要ないこともあります。しかし、システムが複雑で大きくなっても、管理が必要ないままであるのは稀なことです。システムの規模とトラフィックが大きくなるにつれて、負荷を管理するために、テレメトリーパイプラインに部品を追加できます。コレクターを主要なコンポーネントとして、もっとも単純なセットアップから始め、段階的にコレクターを追加してさまざまな役割を果たすようにします。

8.1.1　コレクター不在

　他のプログラムと同様に、コレクターはリソースを消費し、管理を必要とします。しかし、コレクターはオプションのコンポーネントです。価値を提供しないのであれば、実行する必要はありません。必要であれば、後からいつでもコレクターを追加できます。

　送出されるテレメトリーがほとんど処理を必要としない場合、コレクターなしでSDKをバックエンドに直接接続するのが理にかなっているかもしれません。**図8-1**はこのシンプルな構成を示しています。

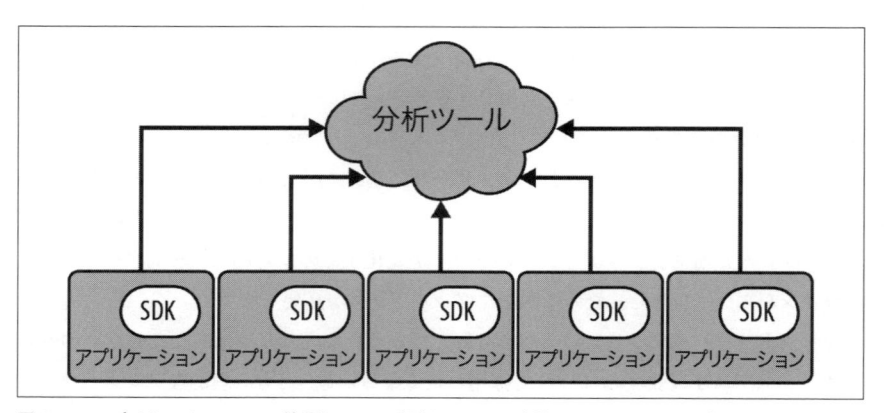

図8-1：アプリケーションは、使用している解析ツールに直接テレメトリーを送信します。

　この構成に唯一欠けているのは、RAM、CPU、ネットワーク、システム負荷などのホストメトリクスです。一般的に、アプリケーション経由でホストメトリクスを収集するのは望ましくありません。そうすることで、アプリケーションリソースが消費され、

多くのアプリケーションランタイムがこれらのメトリクスを正しくレポートするのは難しくなります。そのため、この単純な構成を機能させるには、ホストメトリクスを他のチャンネル経由でレポートさせます。たとえば、クラウドプロバイダーで自動的に収集することがあります。

　ホストメトリクスが不足しているため、2つ目の構成としてローカルコレクターを実行することになります。これは、ほとんどのシステムにとってより良い出発点でしょう。

8.1.2　ローカルコレクター

　アプリケーションと同じマシン上でローカルコレクターを実行すると、多くの利点があります。ホストメトリクスをアプリケーションのランタイム内から効率的に収集するのは困難であるため、ホストマシンを観察することがローカルコレクターを実行するもっとも一般的な理由です。

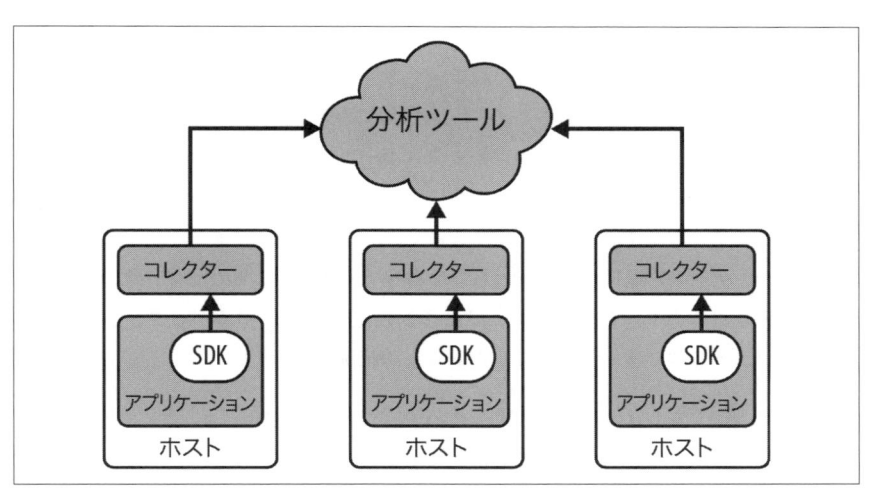

図8-2：アプリケーションはテレメトリーをローカルのコレクターに送信し、コレクターはホストのメトリクスも収集します。

　メトリクスの収集以外に、ローカルコレクターを実行する利点としては次のようなものがあります。

　　環境リソースの収集

　　　　環境リソースは、テレメトリーの発信元を記述するために重要な属性です。ク

ラウドプロバイダーやKubernetes、その他のインフラストラクチャから取得できることが多いです。これらのリソースは大きな価値がありますが、取得にはAPIやシステムコールが必要になることがよくあります。このプロセスには時間がかかり、場合によってはAPI呼び出しの再試行が必要になったり、完全に失敗したりすることもあります。これはアプリケーションの起動遅延につながる可能性があります。このリソース収集をローカルコレクターに委譲すれば、アプリケーションを解放してすぐに起動できるようになります。

クラッシュによるデータ損失の回避

テレメトリーは通常、バッチでエクスポートされます。これは効率的ですが、アプリケーションがクラッシュすると、まだエクスポートされていないテレメトリーが失われるという問題があります。リモートレシーバーにデータをエクスポートする場合、より大きなバッチサイズを使用することで、送信をより効率化できます。しかし、アプリケーションがクラッシュすると、さらに大きなテレメトリーのバッチが失われます。クラッシュを調査しているときにログがどれほど重要かを考えると、これは本当に問題になります！

解決策は、アプリケーションのエクスポートバッチサイズと時間ウィンドウをとても小さく設定して、データがアプリケーションからローカルのコレクターに素早く転送されるようにすることです。コレクターは同じホスト上にあるため、データを送信する場所としては高速で信頼できるものです。その後、ローカルコレクターを構成して、リモートの宛先に送信するデータをより適切にバッチ処理できます。これはWin-Winの状況です。

時間が経過し、テレメトリーパイプラインがより高度になると、より多くの処理、フィルタリング、サンプリングを行う傾向があります。一般的に、コレクターは、個々の言語SDKよりも、これらの処理をより堅牢かつ効率的に実行します。しかし、これらのワークロードをSDKからコレクターに分離する理由は他にもあります。ほとんどのテレメトリー管理（テレメトリーデータの宛先、必要なフォーマット、必要な処理）は、個々のアプリケーションに特化したものではありません。かわりに、デプロイメント全体のサービスすべてにわたって正規化する必要があります。

テレメトリー設定とアプリケーション設定を混在させると、面倒なことになります。1つは、テレメトリー設定が変更されるたびにアプリケーションを再起動しなければなら

ないことです。また、アプリケーション設定が個々のチームに委譲されるため、フリート全体にわたってのテレメトリー変更の調整が難しくなります。

　大規模な組織では、通常、オブザーバビリティチームまたはインフラストラクチャチームがテレメトリー設定オプションを管理します。しかし、組織がDevOpsアプローチを採り、中央集権的なチームがない場合でも、テレメトリーを独立したサービスとして扱う方が良いでしょう。コレクターが中心であれば、それはずっと簡単です。

　チームは協力して、コレクター管理のためのデプロイメント戦略やツールなどの共有ナレッジベースを構築できます。理想的には、同じマシン上で実行されているすべてのアプリケーションを再デプロイする必要がないように、ローカルコレクターのデプロイを設計できます。しかし、コレクターのデプロイがアプリケーションのデプロイと関連している場合でも、一元化されたリポジトリを使用することで、チームは正しい設定で最新バージョンのコレクターを簡単にデプロイできます。

　ローカルコレクターを構築すると、SDKの設定はよりシンプルで安定したものになります。標準のローカルコレクターアドレスに送信されるHTTP経由のOpenTelemetryプロトコル（OTLP）のデフォルト設定を使用できます。唯一のカスタム設定は、前述のように、バッチサイズとエクスポートタイムアウトを下げることです。

　最後に、組織のデフォルトSDKセットアップをライブラリとしてパッケージし、共有ナレッジベースに追加できます。これによって、OpenTelemetryの構成は、単にコピーして、すべてのアプリケーションに貼り付ける一行だけの操作になります。この共有パッケージは、すべてのアプリケーションが最新バージョンのOpenTelemetryに対応することも保証します。

8.1.3　コレクタープール

　多くの組織で、出発点としてはローカルのコレクターで十分です。しかし、大規模で動作するシステムでは、パイプラインに複数のコレクタープールを追加することが魅力的なオプションになります。**コレクタープール**とは、コレクターのセットであり、それぞれが独自のマシンで動作し、ロードバランサーを使用してトラフィックを管理・分散するものです。

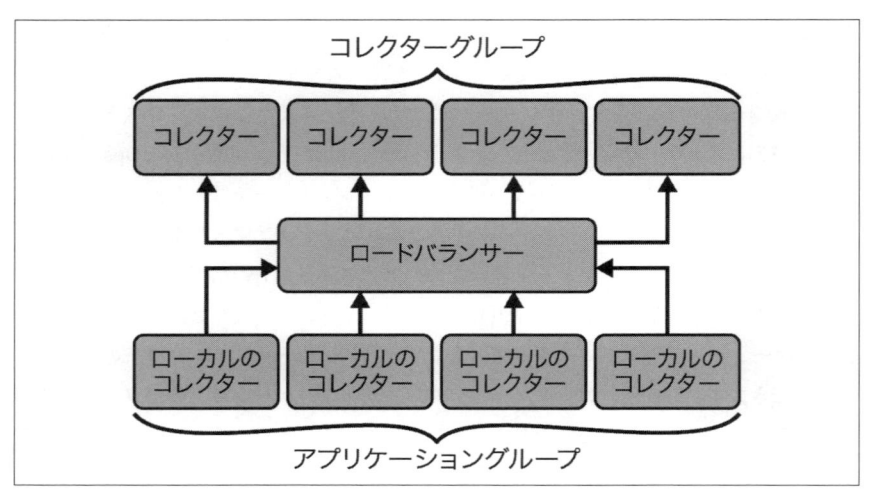

図8-3：各アプリケーションのローカルコレクターは、追加の処理とバッファリングのために、テレメトリーをコレクタープールに送信します。

　コレクタープールの実行には利点があります。第一に、負荷分散して**バックプレッシャー**を処理できます。アプリケーションは安定したストリームでテレメトリーを生成するわけではありません。アプリケーションのトラフィックレベルや設計によっては、予期せぬ大量のテレメトリーを送信し始めることがあります。このようなバーストが、解析ツールが処理できる速度よりも速いペースでテレメトリーを生成する場合、ローカルコレクターのバッファーは、メモリ不足にならないようにデータをドロップし始めなければならないほどいっぱいになることがあります。

　コレクタープールにより、テレメトリーパイプラインにメモリを追加できます。ロードバランサーは、トラフィックのバーストによって引き起こされるテレメトリーのスパイクをスムーズにし、データをコレクターへ均等に広げて、利用可能なメモリを最大にします。OTLPはステートレスなので、このタイプの分散メモリバッファーは導入、管理、拡張が簡単です（詳細は「8.6 バッファリングとバックプレッシャー」を参照してください）。

リソース管理

　テレメトリーの処理はリソースを消費します。テレメトリーを保持するにはメモリが必要で、テレメトリーを変換するにはCPUサイクルが必要です。ローカルコレクター

がこれらのリソースを使用している場合、同じマシン上で実行されているアプリケーションはこれらのリソースを使用できなくなります。

ローカルコレクターには、アプリケーションが生成したテレメトリーを迅速に退避させることと、ホストのメトリクスを収集することの、主に2つの目的があります。この2つのタスク以外の追加処理は、コレクタープールに引き渡せます。これらのコレクターは独自のマシンで実行されるため、利用可能なリソースをめぐってアプリケーションと競合することはありません。

コレクタープールは負荷分散されており、各コレクターのリソース消費はかなり均一で予測可能です。これには2つの利点があります。

まず、コレクター用に要求されたマシンのスペックを、コレクターが消費するように構成されたリソースと正確に一致させられます。これにより、最小限の余裕を持つマシンでコレクターを実行でき、リソースの無駄がなくなります。これは、さまざまな形やサイズのアプリケーションとリソースを共有する必要があるローカルコレクターでは、はるかに困難です。

第二に、時間の経過とともに、プール内の各コレクターの平均スループットを分析し、この情報を使用してプールのサイズを拡張し、システムが生成するすべてのテレメトリーを消費するのに必要なスループットを提供できるようになります。

デプロイと設定

ローカルコレクターを実行することで、テレメトリーパイプラインとアプリケーション間における懸念を分離できますが、ローカルコレクターがアプリケーションと同じホスト上で実行されなければならないという事実は、両者がまだ絡み合っていることを意味します。一方、コレクタープールは完全に独立しているため、インフラストラクチャチームは、変更を加えるたびに個々のアプリケーションチームとデプロイを調整する必要がなく、それらを管理できます。

OpAMPとその未来

OpenTelemetryは現在、コントロールプレーンを介してコレクターを管理するためのプロトコルを開発しています。Open Agent Management Protocol（OpAMP、https://github.com/open-telemetry/opamp-spec/blob/main/specification.md）は、アプリケーションの管理から独立して、コレクターフリー

ト全体に設定変更や新しいコレクターバイナリを展開することをより簡単にします。また、コレクターが負荷と健全性のメトリクスを報告できるようになります。

　このアプローチにより、インフラストラクチャチームはアプリケーションチームの手を煩わせることなく、コレクターの管理がとても容易になります。さらに良いことに、コレクター情報の送信先である解析ツールでコレクターの管理を制御できるようになります。これにより、コレクターと解析ツールの設定を緊密に連携させられます。解析ツールでデータの使用方法を変更すると、コレクターのパイプラインもそれに合わせて自動的に更新されます。

　この緊密な結合は、サンプリングを管理する際に特に重要です。テレメトリーの分析方法から独立してサンプリングを決定することはできません。あらゆる分析形態には、最小限のデータで最大の価値を提供する最適なサンプリング構成があります。解析ツールがサンプリングをコントロールできるようにすることで、自分で管理できる範囲をはるかに超え、ニュアンスに富んだ、安全で正確なサンプリング構成への道が開けます。

　この原稿を書いている時点では、OpAMPはまだ安定版が出ていません。しかし、このプロトコルの開発をフォローし、利用可能になったらぜひ活用してください。

ゲートウェイと特化したワークロード

　ほとんどの場合、あるアプリケーションはOTLP経由でテレメトリーをプッシュし、他のアプリケーションはPrometheusのスクレイピング経由でメトリクスをプルするとしても、両方を行う単一のコレクター設定を持つことは問題ありません。

　しかし、パイプラインのサイズと複雑さが増すにつれて、専用のコレクタープールを追加するメリットがあります。これらのプールを必要に応じて接続することにより、パイプラインが複雑になる一方で、保守や観察は容易になります。**図8-4**は、特化したパイプラインがどのようになるかを示しています。

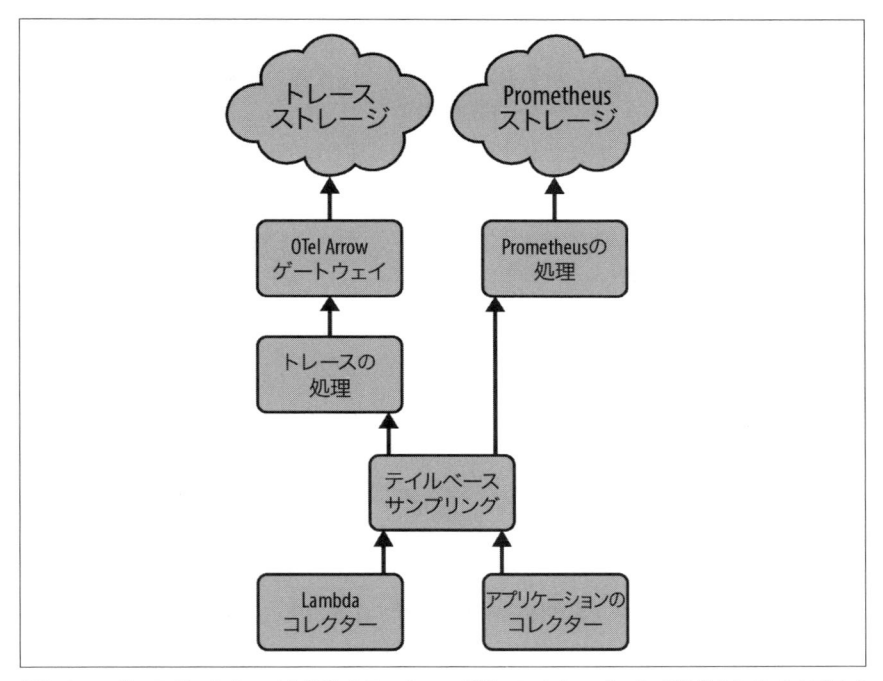

図8-4：エグレスゲートウェイと複数のワークロード別コレクタープールで構成されるパイプライン

ここでは、コレクター専用のプールを作成する理由をいくつか紹介します。

コレクターバイナリのサイズ縮小

通常、サイズは問題ではありません。しかし、FaaSのような一部の環境では、大きなバイナリをダウンロードする時間とコストが問題になることがあります。このようなケースでは、OpenTelemetry Lambda Layer（https://github.com/open-telemetry/opentelemetry-lambda）のような、その特定の環境に必要な最小限のプラグインのセットで、コレクターの軽量なビルドを作成する必要があるかもしれません。

消費リソースの削減

場合によっては、2つのパイプラインタスクがマシンリソースをまったく異なる方法で使用することがあります。同じコレクタープールに両方のタスクを実行

させると、予測不可能なリソース消費につながる可能性があり、2つのタスク
を別のマシンに分けた場合よりもはるかに多くの余裕が必要になります。

このような場合、各タスクに個別のコレクタープールを作成することは理にか
なっているかもしれません。各ケースで、別々のプールを持つことによるネッ
トワークコストと、マシンのプロビジョニングで得られる節約とを比較します。
当然ながら、このような関心の分離は、システムの規模が非常に大きく、節約
効果が大きい場合にのみ価値があります。

テイルベースサンプリング

一般に、テイルベースサンプリングでは、サンプリングの決定を行うために、
トレースを構成するすべてのスパンが完了する必要があります。コレクターの
テイルベースサンプリングアルゴリズムの現在の設計では、決定を行うために、
指定されたトレースのすべてのスパンが同じインスタンス上で終了する必要が
あります。このため、スパンが正しいインスタンスに届くことを確認するため
に、ロードバランシングエクスポーターでコレクターを使用するゲートウェイ
プールと、サンプリング処理自体を実行する別のプールが必要になります。

テイルベースサンプリングに必要なリソースは、スパンのスループット、属性
数、およびサンプリングウィンドウに基づいて、非常に高くなる可能性がある
ことに留意してください。このプロセッサー[†2]のデフォルトでは、30秒の時間
ウィンドウと、メモリ内の最大50,000スパンを想定しています。これは多いよ
うに聞こえるかもしれませんが、非常に冗長なトレースや複雑なシステムでは、
簡単にこれを上回ります。私たちは、成功または失敗が判明するまでに何分も
かかるような操作についての、1つのトレースに数十万スパンが含まれるよう
な本番環境でのトレースを見てきました。サンプリングについては次節で詳し
く説明します。

バックエンド固有のワークロード

すべてのテレメトリーが同じ処理を必要とするわけではありません。たとえば、
メトリクスにPrometheus、トレースにJaegerを使用している場合、トレース
とメトリクスは異なるバックエンドに送信されます。メトリクスを処理し管理

---

†2　翻　訳　注：https://github.com/open-telemetry/opentelemetry-collector-contrib/blob/main/
processor/tailsamplingprocessor

するPrometheus固有のコレクタープラグインは、メトリクスとトレースが分離された後、メトリクスがPrometheusに送信される直前に実行されるコレクタープールに移動できます。これにより、トレースがバックプレッシャーに巻き込まれたり、該当しないワークロードとリソースを奪い合ったりするのを防げます。

エグレスコストを下げる

ほとんどのクラウドプロバイダーはネットワーク送信に課金しており、大量のテレメトリーはこれらのコストを大きくする可能性があります。ほとんどの解析ツールは、監視するアプリケーションとは別のネットワークゾーンで実行されるため、大規模なシステムでは一般的にエグレスコストが高くなります。

長期間にわたって大量のテレメトリーを送信する場合、OTLPのgzip圧縮を超える、特別なプロトコルを使用してデータを圧縮することをおすすめします。本書の執筆現在ベータ版のOpenTelemetry Protocol with Apache Arrow（OTel Arrow、https://oreil.ly/otel）はその一例です。OTel Arrowが安定版に達すれば、その節約効果から、多くのベンダーやOSSがOTel Arrowをサポートすることが期待されます。

OTel Arrowの方が良いのでは？
OTel Arrowがそんなに効率的なら、なぜOTLPのかわりに**あらゆる場所**で使わないのか、と疑問に思うかもしれません。理由は2つあります。第一に、OTel Arrowは高レベルの圧縮を実現するために、大量のデータを継続的に送信する必要があります。第二に、OTel Arrowはステートフルなプロトコルです。これらの理由から、ロードバランサー、コレクタープール、または比較的少量のデータを送信するアプリケーションではうまく動作しません。これは、安定した接続で大量のデータを送信する高スループットのゲートウェイ専用に設計されたプロトコルです。

8.2 パイプライン操作

あらゆるシステムは進化する必要があり、テレメトリーも例外ではありません。一つひとつの計装を手作業でチューニングしてテレメトリーを変更することは理想的なソリューションかもしれませんが、多くの場合、それは実現不可能です。コレクターのパ

イプラインを使用して、テレメトリーデータとプロトコルに変更を加えることは、ダウンタイムや観測不能を発生させることなく、オブザーバビリティシステムに調整を加えるための重要な要素です。この節では、コレクターを使用するときに利用できる操作の種類について説明します。

8.2.1　フィルタリングとサンプリング

　パイプラインの最初のステップは、絶対に不要なものを取り除くことです。フィルターを使って、パイプラインから特定のログメッセージ、スパン、メトリクス計装を完全に取り除けます。OpenTelemetryで、フィルターはプロセッサーとして実装されていますが、どのように使用するかは、テレメトリーのタイプや場所（SDKやコレクター内）によって若干異なります。

　まず知っておかなければならないのは、フィルタリングとサンプリングはどちらもデータを取り除きますが、その働きは異なり、異なる結果を得るために使われるということです。**フィルタリング**は、一連のルールに基づいて、特定の種類のデータを完全に除去するプロセスです。**サンプリング**は、統計的に代表的なデータのサブセットを特定し、残りを取り除くプロセスです。

　たとえば、多くのマイクロサービスアーキテクチャはヘルスチェックエンドポイント（/healthや /healthzなど）を公開していて、外部の監視スクリプトやフックが定期的にチェックしています。通常、ヘルスチェックのためにトレースを送信することにはあまり価値がないので、これはフィルタリングしやすいものです。運用担当者はこれらのエンドポイントでアラートを設定したり、そのレイテンシーを計測することは決してありません。テレメトリーパイプラインの早い段階でこれらのヘルスチェックのためのトレースをフィルタリングすることで、ノイズを減らし、コストを下げることは理にかなっています。

フィルタリングによるノイズの除去

ノイズの多いヘルスチェックはよくあるやっかいなものなので、ヘルスチェックや合成監視[3]に関連する属性に基づいてフィルタリングするための定義済みプロセッサーがあります。これらのフィルターのセットアップ方法の例については、OpenTelemetry Demo Load Generator（https://oreil.ly/R9ee4）を参照してください。

　他のケースとして、システムには、モニターする価値はあるけれど、きわめて一般的な操作というものが存在します。たとえば、ウェブサイトのホームページへのGETリクエストなどです。リクエストの量が十分多ければ、稀な異常値イベントであっても統計的なサンプリングで拾い上げられるほど一般的になります。このようなサンプリングリクエストだけを送信することで、オブザーバビリティをほとんど損なうことなく、大幅なコスト削減を実現できます。

　また、許可リストに基づいてフィルタリングすることもできます。この方法では、特定のスパンを削除するフィルターを書くかわりに、特定の名前または属性を持つスパンのみを通過させるフィルターを書きます。

　SDKとコレクターの両方でほとんどのフィルタリング戦略を実装できます。一般的に、この処理をコレクターで処理することは、SDKで処理するよりも良いアイデアです。開発者とプラットフォームエンジニアやSREの間で懸念事項がきれいに分離され、コードを再デプロイすることなくパイプラインをカスタマイズできます。SDKをラップしたり、内部のオブザーバビリティフレームワークの一部として配布している場合には、コードレベルで「ファーストパス」フィルタリングを行うことは理にかなっています。収集される予定のないスパンが作成されることがなければ、リソースの消費は少なくなり、ネットワークのオーバーヘッドを減らせます。

　サンプリングがフィルタリングと異なるのは、サンプリングのゴールはパイプラインが処理しなければならない全体的なデータ量を減らすことであるという点です。サンプリングはフィルタリングと同様、パイプラインの初期に行うべきで、エクスポートさ

---

[3]　翻訳注：「合成監視（合成モニタリング、synthetic monitoring）」とは、ユーザーの操作を擬似的に再現したリクエストを用いてアプリケーションの性能を監視する手法です。「外形監視」という訳語があてられることが見られますが、本手法の主旨である、「ユーザーのリクエストを擬似的なスクリプトによって人工的に生成する」というsyntheticという語が持つ意味を尊重し、本書では「合成監視」という訳語をあてています。

れないテレメトリーの処理に時間を浪費するのを避けるためです。大まかには、ヘッドベース、テイルベース、ストレージベースの3つのサンプリング戦略を採用できます。

ヘッドベースサンプリング

トレース開始時にサンプリングを決定します。通常10分の1や100分の1のようなファクターで実施します。重要なトレースを見逃す可能性があるので、筆者はOpenTelemetryでのヘッドベースのサンプリングはおすすめしません。

テイルベースサンプリング

サンプリングを決定する前に、トレースが終了するまで待ちます。この戦略により、エラーのあるトレースや特定のユーザーに対応するトレースなど、特定のサブセットを保持できます。

ストレージベースサンプリング

テレメトリーパイプラインではなく、解析ツールに実装します。これには、異なる機能を提供する複数の種類のストレージを持つ場合もあります。たとえば、障害に対処し、進行中のシステム停止の根本原因を発見するために必要なライブクエリーやデバッグワークフローをサポートするシステムに、1週間100%のテレメトリーを保存できます。1週間後、テレメトリーの大部分は削除され、過去データの調査のために小さな統計サンプルだけが保存されます。このアプローチでは、解析ツールにテレメトリーを送信するコストは削減できませんが、機能と保存コストの両面で最良のバランスが得られます。

いつ、どのようにこれらのサンプリング戦略を使うかは、しばしば答えにくい問題です。さらに悪いことに、サンプリングの実施方法が悪かったり、間違っていたりすると、システムを観察する能力に深刻な影響を及ぼす可能性があります。

8.2.2　フィルタリングは容易、サンプリングは危険

テレメトリーをどのようにフィルタリングするかは、通常明白です。使うつもりのないデータは捨ててしまえばいいのです。いつ、どのようにサンプリングするかは、より難しい問題です。実際、どのようにテレメトリーを正しくサンプリングするかは、オブザーバビリティの中でもっともやっかいで悪質な問題の1つです！残念なことに、「どのようなサンプリング技術を使うべきか、どのように設定すべきか」という問いには、普

遍的な答えがないという現実があります。それは、データの量と実行される分析の種類に大きく依存します。

　たとえば、経時的な平均レイテンシーにのみ興味がある場合、ヘッドベースのサンプリングは、コストを制御する上で非常に効果的な戦略です。経時平均は、完全にランダムなトレースのサンプリングから簡単に導き出せます。サンプリングすべきトレースの割合はどれくらいでしょうか。それは、平均値をどの程度詳細にしたいかによります。サンプリング率が低ければ低いほど、得られる情報は少なくなり、曲線は滑らかになります。

　しかし、平均レイテンシーを気にするだけでないとしたらどうでしょうか。エラーも気にするとしたらどうでしょう。いくつかのエラーは、リクエストのランダムサンプルの一部として記録されるくらいに一般的かもしれません。しかし、重大なエラーが発生する頻度は、サンプルで完全に見逃されるほどでない可能性が常にあります。どれだけのエラーを見逃すかは、設定したサンプリングレートに依存します。

　もちろん、いかなるエラーも見逃すというのは、オブザーバビリティのシステムが持つべき品質としては良くないように思えます！かわりに、トレースが完了するのを待ち、エラーが含まれていない場合のみサンプリングする方が良いかもしれません。このアプローチは、ヘッドベースのサンプリングでは実現できません。かわりに、テイルベースのサンプリングに切り替える必要があります。しかし、ここで別の問題が発生します。テイルベースのサンプリングでは、すべてのスパンが同じコレクターに送信されている場合にのみ、完了したトレースを返す前にエラーをチェックできます。分散トレース内のすべてのスパンが異なるサービスから来ることを考えると、それらをすべて一箇所に集めることは負荷分散の妨げになります。また、トレースが完了するまで、すべてのトレースのすべてのスパンをメモリに保持する必要があるため、より多くのリソースを消費します。システムの構成とコストのトレードオフによって、テイルベースのサンプリングの実際のコストは、ネットワークエグレスコストを節約するよりも、マシンリソースのコストの方が大きくなる可能性があります。

　そして、稼働中のシステムをデバッグするときにすべてのトレースを利用したいのであれば（これは非常に便利です！）、テレメトリーを解析ツールに送る前にサンプリングできません。トレースは、エラーやタイムアウトにつながるすべてのイベントを簡単に見つけられる、豊富で、よく整理されたログであることを忘れないでください。ログをサンプリングすることが悪いことのように思えるのなら、なぜトレースをサンプリング

したいのでしょうか。

サンプリングの未来は自動化だ

正しいサンプリングは、使用中の解析ツールの種類と現在の設定方法の両方にとって特殊であるため、人間の運用担当者が最適なサンプリング設定を見つけることはほとんど不可能です。解析ツールが直接サンプリングを制御できるようにする方がはるかに良いでしょう。これにより、繊細なサンプリングルールのセットを、解析ツールと観察対象システムの両方の変化に応じて常に更新できます。また、オブザーバビリティを損なうような方法でサンプリングが実装されることがないことも保証されます。OpenTelemetryからリリース予定のOpAMPプロトコルは、解析ツールがこの方法でサンプリングを制御できるように特別に設計されています。

　一般的に、エグレスやストレージのコストが大きくなるまで、サンプリングはまったくおすすめしません。まず分析に使用するベンダーやOSSプロジェクトへ相談することなく、いかなるサンプリングも実装しないようにしましょう。過剰な計装を避け、必要のないテレメトリーを積極的にフィルタリングし、OpenTelemetry Arrowのような高圧縮ゲートウェイプロトコルを採用することは、オブザーバビリティのコストを下げるための、よりシンプルで安全な代替戦略です。まず、それらを試してみましょう。

未使用のテレメトリーの発見

未使用のテレメトリーデータを発見するために使用できる一般化可能なテクニックがいくつかあります。1つ目は、ダッシュボードやクエリーで実際に使用されているものとテレメトリーストリームを照合することです。たとえば、Grafanaインスタンス内のすべてのダッシュボードクエリーを分析し、収集されているメトリクス名と属性と比較します。そして、未使用のテレメトリーストリームをドロップするフィルタリングルールを書くことができます。より高度なテクニックとしては、テレメトリーをキューに追加することや、一定時間内にアクセスされなかった場合に削除する受信ストリームの時間対生存値（TTL）を設定することなどがあります。もう1つの戦略は、取り込み時にテレメトリーをバッチ化して再集計し、個別のイベント数を減らすことです。たとえば、属性を組み合わせることで、多くの一意なKubernetesメトリクスを1つのメトリクスにできますし、何十行ものログを1つのメトリクスにもできます。

一般的に、これらのテクニックは、ツールやカスタムコードにかなりの投資を必要とします。これらをサポートする純粋なオープンソースソリューションはほとんど存在せず、多くのベンダーがこの問題に対処するスタンドアローンまたは統合ソリューションを提供しています。

8.3　変換、スクラブ、バージョニング

不要な、あるいは欲しくないデータを排除したら、残ったものを処理する必要があります。そこで、**属性**やテレメトリーシグナルそのものを変更する**変換**が必要になります。

もっとも一般的な変換の1つは、送出されたテレメトリー上の属性値を変更することです。機密情報を削除したり、難読化したり、既存の属性値を組み合わせて新しい合成属性を作成したり、スキーマ変換を使用して、OpenTelemetry SDKのバージョン間でセマンティック規約属性が一貫していることを保証したりできます。新しい属性の追加もできます。たとえば、Kubernates Attribute ProcessorはKubernetes APIサーバーに関連する属性をクエリーし、指定されたポッドで実行されているサービスがどこでどのように実行されているかを知らなくても、指定されたポッドから送出されるテレメトリーに追加できます。

操作の順序が重要

テイルベースサンプリングで変換する場合には注意が必要です！ある種のプロセッサーは、サンプリングプロセスによって取り除かれるコンテキストオブジェクトを必要とし、ある種のサンプリングアルゴリズムは、変換によって追加または変更される属性を必要とするかもしれません。この場合、パイプラインは次のようになります。

フィルター　→　変換　→　サンプリング　→　エクスポート

削減（redaction）プロセッサーのような特定の特殊な変換（https://oreil.ly/Y6DL4）は、コレクターでのみ利用可能です。たとえば、スパンをメトリクスに変換します。**コネクター**（https://oreil.ly/5dR-9）を使用すると、あるコレクターパイプラインから別のコレクターパイプラインへテレメトリーを送受信できます。コネクターを使用して、既存のメトリクスから新しいメトリクスを作成したり、一連のトレースをヒストグラムに変換したり、ログを解析してそこからメトリクスを作成したりできます。

　テレメトリーを変換する際には、2つのことを念頭に置くことが重要です。第一に、変換の回数が増えるほど、使用するリソースも増えます。複雑な変換を行うと、メモリとCPUのパフォーマンスが低下するため、コレクタープールをスケールアップする必要があります。第二に、変換の回数が増えるほど、テレメトリーが利用可能になるまでに時間がかかります。一般的に、物事は**最初**に正しく行い、ソースで修正できないテレメトリーを正規化するために属性変換を使用するのが望ましいやり方です。

　とはいえ、（コネクターを使った）シグナル変換はコスト管理戦略をとても効果的なものにできます。たとえば、トレースをメトリクスに変換することで、もとのトレースデータを保持するコストのほんの一部で、それらのメトリクスを何年も保存できます。同様に、ログをメトリクスに変換することは、ウェブサーバーやデータベースなどのリソースログを運用するための費用対効果の高い方法です。

8.3.1　テレメトリーをOTTLで変換する

　変換（transform）プロセッサー（https://oreil.ly/y2lmF）は、コレクターを通過するときにテレメトリーデータを変更する役割を果たします。変換ルールはYAMLで定義され、1つのシグナルに固有です。たとえば、変換プロセッサーを使用して、ログメッセージから属性を削除したり追加したり、メッセージボディを変更したり、保存すべきでない情報を編集したりできます。異なる種類のシグナルに対して同じ変換を行いたい場合は、シグナルごとにルールを定義する必要があります。

　このプロセッサーは、既存のログをOpenTelemetryセマンティック規約（https://oreil.ly/k22wV）に準拠した新しいログに変換するなど、多くの機能を実行できます。GitHubでサンプルを提供（https://oreil.ly/bDqqi）しているので、それを見て実行してみてください。しかし、いくつか明白ではないこともあるのでここで説明します。

　以下に示すデプロイ例は、nginx が吐き出すようなログから取り込まれる属性を、OpenTelemetryセマンティック規約に適合するように再マップする方法を示すためのものです。AWSはOTLPフォーマットのCloudWatchメトリクスストリームを提供していますが、これらのストリームは属性をOpenTelemetry セマンティック規約に再マップしないので、OpenTelemetry Transformation Language（OTTL、https://oreil.ly/P2YZ8）を使ってこのようなマッピングを行う必要があります。OpenTelemetryでは、ログをさまざまな方法で処理できます。このケースでは、ファイルログレシーバーを使います。このレシーバーはファイルに書かれたデータを行ごとに読み取ります。読み込

むと、入力データを解析するモジュールに行データを渡します。コレクターのログ解析は、高速で効率的なGoベースのログプロセッサーであるStanzaに基づいています[†4]。

次のスニペットでは、変換プロセッサーがどのように機能するかを確認できます。

```
processors:
  transform:
    error_mode: ignore
    log_statements:
      - context: log
        statements:
          - set(attributes["http.request.method"], attributes["request"])
          - delete_key(attributes, "request")
```

この例では、nginxのアクセスログ（request）の値を適切なセマンティック属性にコピーし、非標準のキーを削除しています。このような変換を行うには他の方法もありますが、ここではコレクターのconfig.yamlファイルを見てわかる通り、nginxステータスモジュールを通して公開された統計データをリッスンするためにnginxレシーバーが使用されています。このレシーバーは、そのエンドポイントからスクレイピングされたデータを適切なメトリクスに変換します。

8.3.2　プライバシーと地域規制

インターネットが進化するにつれて、データの送信と保存をどのように許可するかを定義する規則や規制も進化してきました。テレメトリーはPIIを含み、地域の境界を越えることがあるので、これらの規則はテレメトリーパイプラインに直接関係します。

ルールは本質的に地域的なものであるため、データの送信元と送信先によって変わります。コレクターは、そのような規則がしばしば要求する、データスクラブ[†5]とルーティングを管理するのに理想的な場所です。具体的な推奨はできませんが、テレメトリーパイプラインを構築する際には、これらのルールを考慮することをおすすめします。

[†4]　StanzaのGitHubリポジトリに、さまざまなStanza設定オプションの詳細な内訳があります（翻訳注：https://github.com/observIQ/stanza 元々StanzaはobservIQによって開発されていたものですが2021年にOpenTelemetryプロジェクトに寄贈されました。そのような経緯でOpenTelemetry Collectorのログ部分の実装はStanzaをもとにしています）。

[†5]　翻訳注：データスクラブ（データクレンジング）とは、不正確なデータを検出して、修正または削除することです。

8.3.3　バッファリングとバックプレッシャー

　テレメトリーは大量のネットワークトラフィックを発生させます。一方でこれは致命的でもあります。データを失うことは避けなければなりません。つまり、一時的なトラフィックの急増や予期せぬ問題でバックプレッシャーが発生した場合、パイプラインがバッファーできるように十分なリソースが必要なのです。また、システムが現在のバッファリング能力を超えるトラフィックレベルを維持している場合、利用可能なリソースを迅速に拡張する方法が必要であることも意味します。

　コレクターはデータ変換のためだけのものではないことを忘れないでください！多くの点で、バックプレッシャーを管理し、データロスを回避することは、テレメトリーパイプラインのもっとも重要な機能です。

8.3.4　プロトコルを変える

　パイプラインの最終段階はエクスポートです。データをどこに置きますか。ここでは特定のソリューションを推奨するつもりはありません。それはあなたの組織のニーズ次第ですが、いくつかの提案をします。

　「デフォルトの」オープンソースのオブザーバビリティスタックには、Prometheus、Jaeger、OpenSearch、Grafanaが含まれます。これらのツールは、メトリクス、トレース、ログデータの取り込み、クエリー、可視化を可能にします。また、OpenTelemetryをサポートする何十もの商用ツールにエクスポートすることもできます。

　興味深いのは、テレメトリー自体の情報に基づいてデータのエクスポート先を決定するパイプラインの設計です。ルーティングプロセッサー（https://oreil.ly/5sESM）のようなプロセッサーを使えば、テレメトリーの属性に基づいてエクスポート先を指定できます。たとえば製品の無料版と有料版があり、有料ユーザーに関連するテレメトリーを優先したいとします。ユーザーのタイプに対応する属性を探すようにルーティングプロセッサーを設定することで、有料のトラフィックを分析機能が向上した商用ツールに送り、無料のトラフィックを比較的洗練されていないツールに送信できます。

　独自のアーキテクチャをより良くトレースするために、エクスポートを工夫することもできます。たとえば、完了までに可変ステップ数を要するジョブがあるとします。平均ステップ数を知りたい場合、これらのトランザクションのスパンをキューにルーティングすれば、ステップの各バケットにトランザクション数を示すヒストグラムを作成できます。各バケットの代表例としてトレースを記録することもできます。

　また、このストラテジーを使用して、隣接するスパンの終了時刻と開始時刻の差を計算することで、トレース内のスパン間の**ギャップ**、つまりプロセス時間を計測することもできます。これらの計算は、最終エクスポート時にスパンに追加したり、メトリクスとして出力できます。

　結局のところ、何をどのようにエクスポートするかは、あなたのニーズや要望によって変わってきます。OpenTelemetryの良いところは、数行の設定で、データの**行き先を変更**できることです。これにより、自前運用のオープンソースソリューションから、より堅牢な商用ソリューションへの拡張がたいへん容易になります。

8.4　コレクターのセキュリティ

　他のソフトウェアと同じように、セキュリティを意識してコレクターをデプロイし、メンテナンスしてください。本書執筆中の2024年、OpenTelemetryプロジェクトは、コレクターだけでなく、エコシステム内の他のコンポーネントのセキュリティを確保するためのベストプラクティスガイドを構築中です。OpenTelemetryのウェブサイト（https://opentelemetry.io）やドキュメント（https://opentelemetry.io/docs）をチェックして、より詳細な情報や、セキュリティに関するより完全なガイドを確認してください。しかし、ここでは一般的に受け入れられているベストプラクティスの概要を紹介しましょう。

　ローカルトラフィックをリッスンしているコレクターが、受信インターフェイスをオープンIPアドレスにバインドしないようにします。たとえば、`0.0.0.0:4318`をリッスンするかわりに、`localhost:4318`をリッスンします。これは許可されていない第三者によるサービス拒否攻撃を防ぐのに役立ちます。

　WANを介してトラフィックを受け入れるコレクターインスタンスでは、常にSSL/TLSを使用して、ネットワーク上を移動するデータを暗号化してください。また、承認されたトラフィックのみが希望するコレクターに送信されることを保証し、未加工のPIIが公開される可能性を低減するために、内部受信者であってもTLSおよび証明書ベースの認証および承認を設定すると良いでしょう。

8.5　Kubernetes

　いまやKubernetesはどこにでもあるので、ここで特筆しておくべきでしょう。そこ

で、パイプラインの章の最後に、OpenTelemetry Kubernetes Operator（https://oreil.ly/edwNa）を使ってコレクターを管理する方法について簡単に説明します。

OpenTelemetry Kubernetes Operator はkubectlまたはHelm チャート（https://oreil.ly/JFMEd）のどちらかを使ってインストールできます。次のようないくつかのデプロイタイプをサポートしています。

- DaemonSet：各ノードでコレクターを実行する
- Sidecar：各コンテナでコレクターを実行する
- Deployment：コレクタープールを実行する
- StatefulSet：ステートフルなコレクタープールを実行する

DaemonSetとSidecarはローカルコレクターを実行する良い方法です。DaemonSetはノード上のすべてのポッドが同じコレクターを共有できるので、より効率的です。DeploymentとStatefulSetはどちらもコレクタープールを実行しますが、ほとんどすべてのコレクター構成はステートレスなので、Deploymentが推奨されるオプションです。

OpenTelemetry Kubernetes Operatorを使って、アプリケーションに自動計装を注入して設定することもできます。これは、OpenTelemetryを素早く立ち上げて実行するための素晴らしい方法です。この原稿を書いている時点では、OpenTelemetry Kubernetes Operatorは Apache HTTPD、.NET、Go、Java、nginx、Node.js、Python をサポートしていますが、自動計装はkubectl経由でのみインストールできます。

8.6　テレメトリーコストの管理

ここ2、3年、多くのソフトウェア会社は、コスト削減と効率改善に、レーザーのような集中力を注いできました。多くの場合、このような企業は、潜在的なコスト削減のために、監視やオブザーバビリティプログラムに多くの時間を費やしています。この章の前の方で、テレメトリーコストを実際にコントロールするための主要な手段（不要なデータや不必要なデータをフィルタリングし、残りをサンプリングする）について書きましたが、ここではこのトピックをいくらか総合的に取り上げます。

あるテレメトリーの価値を測定することは非常に難しく、ときには不可能でさえあります。たとえば、「意味がない」と知られているデータを考えてみましょう。あるデータ

ポイントは、単独では意味がないと考えられるかもしれませんが、他のデータポイントと組み合わされた場合、**興味深いものになる**可能性があります。さらに、あるデータポイントが、いつ意味のないものから興味のあるものへと、しきい値を超えるかは予測できません。データは興味深いときに価値があり、そうでないときには価値がありません。

　これは、コスト管理に気を遣うべきではない、あるいはコスト管理に価値がないと言っているのではありません。それよりも、どんな状況でもしたがうべき一般的なガイドラインを誰も示せないということです。実際、本当に一般的なアドバイスと言えば、「どうでもいいことは監視するな」ということくらいです。この章の前半で述べたように、あるテレメトリーがどれくらいの頻度で使われ、アクセスされているかを確認できます。しかし、この種の分析を無闇に信用すると、新しい問題が発生したときに、突然何もわからなくなる可能性があります。

　もう1つの視点は、コストと価値のトレードオフを考慮することです。たとえば、メトリクスベースのシステムでよくある懸念は、ユーザー IDのような一意な値を多く含むカスタムメトリクスの使用です。このような「高カーディナリティ」な値は、高コストにつながる可能性があります。これは良くありません。しかし良くないことばかりでしょうか。もし、特定のユーザーが悪い経験をしている理由を理解する必要がある場合、この良くない方法を回避する方法は多くありません。データを切り刻むにはこのような値が必要です。

　テレメトリーコスト管理を考えるさらに良い方法は、データの解像度とそれを最適化する方法を考えることです。ここで使用できる具体的な方法は、解析ツールの機能によって異なりますが、ここではいくつかの例を紹介します。

　最初に、効果的に階層化することによって、テレメトリーシグナルの重複を排除する方法を検討します。ヒストグラムメトリクスから正確なレート、エラー、継続時間、およびスループットカウントを取得している場合、「遅い」トレースだけを優先することで、（有用な情報を持っている可能性が低いため）「速い」トレースの収集と保存を節約できる可能性があります。同様に、ログでは、何百万もの個々のログ行を取り込むのではなく、収集の時点でそれらの重複を排除し、メトリクスまたはより大きな構造化ログに変換します。

　特にテレメトリーデータにカラム型データストアを使用している場合は、これをさらに一歩進められます。瞬時のメトリクス（カウンターやゲージなど）を個別のイベントとしてデータストアに送信するのではなく、スパンが記録されるときにそれらのメトリク

スの値を読み取り、属性としてスパンに追加します。

　最終的に、コスト管理の選択は、オブザーバビリティの実践から得たい価値によって決定されるべきです。望む結果を得るために必要なデータを収集しましょう。

8.7　まとめ

　OpenTelemetryを導入する多くの場合、すべてのアプリケーションをOpenTelemetry計装に移行させるための大きな一押しがあります。その後、パイプラインのセットアップと管理が主な継続的作業となります。大量のテレメトリー、いくつかの情報の潜在的な感度、そして、組織がある解析ツールから別の解析ツールに移行する頻度を考慮すると、オブザーバビリティを最大限に活用したい組織は、テレメトリーパイプラインの運用管理のための明確で簡潔な長期戦略が必要です。

　しかしながら、大規模なOpenTelemetryの初期導入には、それなりの課題があり、それを克服するには、組織全体の調整と協力が必要です。次の章では、OpenTelemetryに移行する際の落とし穴を避け、成功を見出すための戦略に焦点を当てます。

9章
オブザーバビリティの展開

標準が目の前に崖を用意しているからといって、必ずしもそこから飛び降りる必要
はない。

Norman Diamond

　前の章で述べたように、テレメトリーはオブザーバビリティではありません。テレメ
トリーは、オブザーバビリティの必要な要素ではありますが、それだけでは十分ではあ
りません。では、テレメトリーが十分でないのであれば、あなたの組織、チーム、プロ
ジェクトにオブザーバビリティを導入する際に考慮すべき他の要素は何でしょうか。こ
の章ではその疑問に答えます。

　本章は、サイトリライアビリティエンジニア（SRE）や開発者だけでなく、エンジニア
リングマネージャーやディレクターだけでもない、幅広い読者を念頭に置いて執筆しま
した。オブザーバビリティの真の価値は、組織を変革し、ソフトウェアのパフォーマン
スがビジネスの健全性にどのように反映されるかについて、共通の言語と理解を提供
する能力にあります。オブザーバビリティは、信頼や透明性が価値であるのと同じよう
に、**価値**だと言えます。オブザーバビリティとは、チーム、組織、ソフトウェアシステ
ムを、その結果を解釈、分析、質問できるような方法で構築することへのコミットメン
トであり、それによってチーム、組織、ソフトウェアシステムを**より良く構築**できます。

　これらは、特定の個人やグループのための仕事ではありません。プロセス、実践、
意思決定へのインプットとしてデータをどのように使うかについて、上から下まで組織
のコミットメントが必要なのです。そのため、この章ではOpenTelemetryを導入した
組織やプロジェクトのケーススタディをいくつか紹介し、それらを使って、あなたの組
織のオブザーバビリティ導入を成功に導くためのロードマップを提示します。

9.1　オブザーバビリティの3軸

オブザーバビリティを展開するにあたっては、多くの質問に答え、多くの決断を下す必要がありますが、それらはすべて、おおよそ次の3つの軸に位置づけられます。

深さ対広さ

システムのいくつかの部分から驚くほど詳細な情報を収集する、あるいはシステム全体とその関係について多くのデータを得る、のどちらから始めるのがいいのか。

コード対収集

既存のサービスや新しいサービスに新しい計装を追加するべきか、あるいは既存のデータを新しいフォーマットに変換したりすることに労力を費やすべきか。

中央集権型対分散型

あなたのユースケースにとってより理にかなっているのは、強力な中央オブザーバビリティチームを作ることか、それとも各チームが気軽に観測することか。

これらの質問への間違った答えというものはなく、答えは時間の経過とともに変わっていきます。本章の短いケーススタディは、あなたがどちらか極端な方向に向かうときに直面するトレードオフを説明しています。

9.1.1　深さ対広さ

OpenTelemetry は、通常、ほとんどのソフトウェア組織にとって最初のオブザーバビリティフレームワークではありません。一般的に、既存のオープンソースのメトリクスライブラリやプロセッサー、ログ集約エージェントやプロセッサー、プロプライエタリなAPMツールをたくさん持っています。OpenTelemetryが展開されるとき、避けられない質問は、**これは何に取って代わるのか**でしょう。

私たちは、プラットフォームチームやエンジニアリングリーダーが良かれと思ってエキサイティングな新技術を導入したものの、事態が厳しくなり失敗に終わるのを見てきました。あなたも経験したことがあるかもしれません。マクロ経済状況の変化により、

多くのオブザーバビリティプロジェクトがキャンセルされたり、スコープが縮小されたり、予算が議論される際にその価値を説明するのに苦労したりすることになりました。多くの場合、このストレスは、チームが「深さ対広さ」という選択肢に、組織として納得のいく形で答えられなかったことに直接起因しています。

あなたの組織では完全に新しい技術スタックを一から構築するのではないと仮定しましょう。深いオブザーバビリティが必要なのか、あるいは広いオブザーバビリティが必要なのかを見極める最善の方法は、解決しようとしている最大の問題に目を向けることです。そして、自分が組織のどの位置にいて、システムのどの程度を変更できるかを問うことです。もしあなたが、プラットフォームチームや中央オブザーバビリティチームなど、大きな権限を持つチームで仕事をしているのであれば、まず広さに重点を置くことが、組織の他の部分にもっとも大きな価値を提供することになります。もしあなたがサービスチームにいるのであれば、オブザーバビリティからより早く価値を得られるように、最初は深く掘り下げると良いでしょう。

深さに重点を置く

詳しく説明するために、最近OpenTelemetryに移行した大規模な金融サービス組織を見てみましょう。この取り組みを推進したチームは、当初2つのプロプライエタリなAPMツールの間で移行をしていました。このツールの移行後、チームのGraphQLトレースは、複数のクラウド、言語、チームにまたがるシステムの残りの部分から孤立してしまいました。GraphQLは標準的なHTTPセマンティクスを排除し、トレースのレスポンスボディに障害に関する大量のメタデータを埋め込んでおり、これが問題となりました。切断されたAPMトレースに依存していたため、チームはどこでエラーが発生しているのか、またはその下流への影響についてほとんど可視化できませんでした。

チームがOpenTelemetryを選択した理由は、コンテキストを確立するための標準ベースのアプローチと、JavaScriptのGraphQLライブラリ用の組み込み計装を提供していたからです。なぜチームはGraphQLにフォーカスしたのでしょうか。それは第一に、すでに所有しているものだったからです。大規模なソフトウェア組織では、サービスの所有権はチームごとに高度に区分けされており、最初から全員にOpenTelemetryを使わせようとするのは現実的ではなかったでしょう。このチームは、採用を促進するために活用できる、中央集権プラットフォームや特に重要なサービスバスを管理していなかったのです。

第二に、OpenTelemetryのトレースファーストのアプローチは、GraphQLの課題を処理する上で貴重であることが証明されました。OpenTelemetryのトレースは、HTTPレベルのメトリクスから得ることが難しかった、各コールのステータスとディスパッチに関する豊富な詳細を提供しました（GraphQLはセマンティックなステータスコードを使用するのではなく、メッセージにエラーを埋め込むことを思い出してください）。OpenTelemetryの拡張性によって、チームは他のチームのOpenTelemetry以外のトレースヘッダーと統合でき、トレースのコンテキストを壊さなくなりました。

最終的に、GraphQLに深く踏み込むというチームの決定は、ほとんど組織の特権と責任によって決定されました。チームはこれらのサービスを維持し、組織全体に高品質なテレメトリーを提供し、他のさまざまなテレメトリーバックエンドやSDKと相互運用しなければなりませんでした。

広さに重点を置く

もう一方の極端な例は、既存のトレースとオブザーバビリティのソリューションを持っている、より近代的な組織で見られます。あるSaaSの新興企業は、既存のOpenTracingベースのライブラリからOpenTelemetryに移行する際に、このような課題に遭遇しました。先ほどの企業とは異なり、この組織はサービストポロジーを大幅に縮小していました。単一のパブリッククラウド内のKubernetes上で稼働し、サービスはGoで書かれていました。

この場合、オブザーバビリティにおいて広さに重点を置くことは簡単な決断でした。システムはオブザーバビリティに向けてよく設計されており、チームがすべきことは、あるライブラリから別のライブラリに更新するだけでした。とはいえ、それでもチームは難題にぶつかりました。新米医師が誓う「ヒポクラテスの誓い」[†1]をご存知でしょうか。それは、「まず、危害を加えないこと」から始まります。マイグレーションにおけるヒポクラテスの誓いは、「まず、アラートを壊さないこと」です。これが、既存のテレメトリーシステムの大規模なリプレースを行う際の最大の課題です。

このケースでは、一握りのエンジニアが、本番前の環境でフレームワークの計装ライブラリを更新し、ダッシュボードとアラートを分析して何かが消えていないかを確認す

[†1] 翻訳注：古代ギリシャ時代の医師集団コス派がギリシャ神に対し、医師の医療倫理や任務について宣誓した文章。文章が書かれた当時と現代での時代的背景の違いを鑑みて、現代では改訂版や独自の宣誓文が用いられることも多い。

ることで移行を実行しました。彼らが発見したのは、一見するとうまくいっているように**見える**けれども、新旧のテレメトリーには多くの微妙な違いがあるということでした。たとえば、以前はバイト単位で計測していたメトリクスが、今ではキロバイト単位で計測しています。以前は大文字と小文字を区別していた属性値も区別しなくなりました。

アラート、ダッシュボード、クエリーが壊れず、運用担当者がシステムを稼働し続けられるようにするため、チームは、本番稼働中の旧テレメトリーと並行して、新テレメトリーを本番環境の手前の環境で稼働させることを選択しました。もう1つの選択肢としては、新旧両方のテレメトリーを同じ環境で並行して実行し、機能フラグを使用してトラフィックをゆっくりと移行させるというものがありました。しかし、時間とオーバーヘッドがかかるため、チームはそれを選択しませんでした。

大規模な移行では、忍耐が合い言葉となります。この移行では、システム自体の変更やOpenTelemetryのバグ修正が必要になるサプライズもありました。かなり均質な環境でも、複雑な計装ライブラリを積極的に展開するのは十分に難しいものです。アーキテクチャが複雑になればなるほど、それは難しくなります。この場合、2つのことがチームを助けました。第一に、前述したように、このシステムはすでに高度なオブザーバビリティを持っていました。各サービスはカスタムラッパーライブラリを使用し、リクエストのトレースとカスタム属性の適用を保証していました。第二に、多くのクラウドネイティブアプリケーションと同様に、このシステムもHTTPとgRPCプロキシをすべてのサービス間通信に使用していました。チームはこれらのプロキシでトレースを統合し、各リクエストに関するトレースデータの取得を目に見えるほど容易にし、新しいリクエストでコンテキストが伝搬または作成されるようにしました。

忍耐と準備がこの組織に実を結びました。約1ヶ月の間に、エンジニアはバックエンドサービス全体にわたってOpenTelemetryへの移行と展開を成功させ、データを落としたりサービスをダウンさせたりすることなく、新旧計装間の移行を徐々に実行しました。エンジニアは、調査にさらに良いデータが表示されるのを確認するまで、何かが変わったことに気づきませんでした！

表9-1は、深さと広さのトレードオフをまとめたものです。

表9-1：深さ対広さ：計装のアプローチ

深い計装	広い計装
単一のチーム、サービス、フレームワークに重点を置く	可能な限り多くのサービスに計装を展開することに重点を置く
特に計装ライブラリが存在する場合、素早く価値を提供できる	システムアーキテクチャによっては、より多くの先行作業が必要になることもある
カスタムコード（プロパゲーターなど）で既存のソリューションに統合可能	一般的に、完全な移行、または並行して実行するアフォーダンスが必要
大規模な組織や、大規模なオブザーバビリティの実践が行われていない組織では、まずここから始めるのが良い	システムモデル全体を洞察することで、長期的により大きな価値を提供する

9.1.2　コード対収集

　本書を通して、OpenTelemetry がテレメトリーデータを生成、収集、変換するツールのエコシステム全体であることを学んだはずです。この軸は、データを生成することと、データを収集し変換することのどちらが、今、あなたにとって重要かを考えるよう求めるものです。深さ／広さの軸が、既存のテレメトリーシステムがどれほど複雑で、組み込まれているかを問うなら、コード／収集の軸は、**あなたが組織のどこにいて、シ**ステムのどの部分を担当しているかを問います。

　チーム編成に万能なアプローチはありませんが、オブザーバビリティはしばしば「プラットフォームチーム」やその他のSREの緩く集中化されたグループによって推進されます。これらのチームは、何千ものサービスからテレメトリーを収集し、それをオブザーバビリティバックエンドに集中させる形で実際のインフラストラクチャを幅広く監督しています。あなた自身もこのようなチームの一員であったり、リーダーであったりするかもしれません。私たちは、業界全体のエンジニアリングリーダーとの議論の中で、OpenTelemetryの採用は主にこれらのグループによって推進されていることを見てきました。しかしながら、もう1つの極があります。分散トレースのようなテレメトリーの特定の要素を採用したい可能性のあるサービスチームです。この2つの立場の間の距離は、共通の質問につながります。コレクターを使う必要はあるのでしょうか、ないのでしょうか。

　OpenTelemetry は、本来、データの収集とエクスポートにコレクターを使うことを**必須**としていません。とはいえ、推奨はしています。しかし、この質問が出るとき、本当の問題は、しばしばコードとテレメトリー収集の間の分裂にあります。この違いは、アー

キテクチャやシステム設計というよりも、あなたが組織の中でどのような立場にあるかに関係しています。

　理想的な OpenTelemetry の採用では、コードとコレクターの両方が導入され、一方の使用と実装が他方を前進させます。たとえば、eBay は 2021 年に OpenTelemetry を使って分散トレーシングを採用するプロジェクトを開始しました（https://oreil.ly/C3kjg）。組織が評価を行う一方で、SRE はコレクターが既存のメトリクスとログ収集インフラストラクチャを置き換えられるかどうかを調査しました。

　eBay の場合、コレクターは、既存のソリューションに比べて大幅なパフォーマンスの改善をもたらし、また、トレース、メトリクス、ログ用に異なるエージェントを持つのではなく、単一のエージェントにテレメトリー収集を正規化しました。特に eBay は、その規模（数百のクラスター、中には数千のノードを持つクラスター）でトレース収集を実行するために、いずれにせよコレクターを導入する必要があったため、この統合はたいへん理にかなっていました。

　「コレクターファースト」モデルには他にも利点があります。たとえば、コレクターを組織のインフラストラクチャ全体に広く展開すれば、サービスチームが OpenTelemetry を彼らのコードに統合する道を開けます。さらに、コレクターのプラグインアーキテクチャを活用して、既存のシステムからデータを引き出し、既存または新規のオブザーバビリティバックエンドに送信できます。

　OpenTelemetry を統合して、直接オブザーバビリティバックエンドに移行するのは、どのような場合に適しているのでしょうか。繰り返しますが、確固としたルールはありません。トレースのような単一のシグナルだけを扱うのであれば、最初のうちはこの方法が良いかもしれません。加えて、もしあなたが、ある種の概念実証をしているのであれば、コレクターアーキテクチャとインフラストラクチャ監視を「2日目」のプロジェクトとして指定することで、OpenTelemetry の価値を素早く引き出せるかもしれません。

　OpenTelemetry を素早くブートストラップしようとしている開発者、たとえば、ハッカソンや「20%の仕事」の一部として取り組んでいる開発者と話をしたとき、私たちは、彼らが本番稼働に移行する際に、後で変更をバックアップする必要があるとしても、コードファーストの計装へ直に飛び込む方が理にかなっていることに気づきました。なぜでしょうか。ある開発者は、それを「可能なことを実現する技術のデモンストレーショ

ン」[†2]と言っていました。チームの他のメンバーに、何が達成**できるか**を示し、賛同を得て、OpenTelemetry移行への支援を勝ち取るのです。その時点で、作業はコレクターを使ってメトリクスとログを収集するために必要なインフラストラクチャのデプロイと、トレースのための自動計装の展開に切り替わります。

結局のところ、この質問は1つのベストプラクティスについてのものではありません。あなたのチームや組織がどのように構成されているかに大きく関係しているのです。この点については次の項で詳しく触れますが、まさに懸念事項の分離にかかわるものです。もしあなたがSREやプラットフォームエンジニアであれば、オブザーバビリティパイプライン、テレメトリー収集、そしてサービスチームのための「交通ルール」の設定にフォーカスすべきです。もしあなたが開発者なら、フロントエンドであれバックエンドであれ、プラットフォームチームの助けを借りて、説明的で正確なテレメトリーデータを作成することに集中したいと思うでしょう。

9.1.3　中央集権型対分散型

ボトムアップかトップダウンか。OpenTelemetryを採用するすべての組織は、さまざまな利害関係者がプロジェクトを推進することになるでしょう。しかし、もっとも一般的なパターンは、(1) 中央集権のオブザーバビリティを持ち、プラットフォームチームが採用を強制する、(2) 個々のサービスチームへの浸透によって採用が推進される、の2つです。

この問いは、ソフトウェアシステムの規模や複雑さに関するものではなく、それをサポートするチームや組織に関するものです。私たちの経験では、大規模な組織（たとえば250人以上のエンジニアを抱える組織）では、主に2つの方法でオブザーバビリティの実践を進めています。クラウドネイティブであったり非常に大規模な組織では、プラットフォームエンジニアリングチームが一元化されていることが多く、そのチームは、本番環境にソフトウェアをデプロイするのにフレームワークを使用する必要がある同僚のチームに、サービスとして監視を提供しています。より伝統的な大規模組織では、このような中央集権プラットフォーム機能がないか、少なくともそれほど明確に定義されていない可能性があります。このような組織において、仕事は継続的デリバリーベース

---

†2　翻訳注：“the art of the possible”はビスマルクの “Politics is the art of the possible”（「現状から最善の結果を得るために、不可能な理想を追わずに、現実に実行できることを実行する技術」）という言葉に由来しています。

よりもプロジェクト指向になりがちで、機能やサービスは専門の監視スタックやツールを使ってデプロイされます。

　分散型オブザーバビリティは、中小規模の組織や、より「レガシー」な組織に現れる傾向があります。小規模な組織（ツールはベストエフォートで利用できることが多い）では、通常、システム全体は中央のプラットフォームチームが提供する強力なガードレールを必要とするほど複雑ではありません。中規模の組織やレガシーな組織は複雑かもしれませんが、さまざまなサービスが相互につながっていることは多くありません。このような場合、中央のオーナーシップの重要性は低くなります。というのも、各チームはそれぞれ独自の監視とアラートに責任を負っているからです。この場合、何らかのITサービス管理サービスを使用して、IT機能にロールアップされる中央アラート機能と組み合わせることが大半です。やや大雑把に言えば、このような組織はソフトウェアに依存していることが多いのですが、ソフトウェアは主要なアウトプットではありません。

　Farfetchがどのように OpenTelemetry を展開したか（https://oreil.ly/13sKa）見てみましょう。この大きな組織（2000人以上のエンジニアを抱え、Kubernetes の上で仕事をしている）は、2023年1月に OpenTelemetry への移行を開始しました。この移行は、パフォーマンスと信頼性を改善し、組織全体でオブザーバビリティのプラクティスを採用し続けるというリーダーシップのイニシアティブによって推進されました。Farfetch の規模で、既存のワークストリームやアラート／監視機能を中断させることなく OpenTelemetry を展開するためには、中央のプラットフォームエンジニアリングチームが不可欠でした。

　Farfetch プラットフォームチームは、各 Kubernetes クラスターを監視するためにコレクターを使って、コレクター駆動による OpenTelemetry へのアプローチを展開しました。このインフラストラクチャによって、チームは自動または手動の計装をデプロイすることで、OpenTelemetry の機能を自己選択できるようになりました。これによりプラットフォームチームは、パイプラインの改善による高いデータ品質の確保や、OpenTelemetry を採用するサービスチームへのガイドラインの設定、またカスタムプロセッサーとセマンティック規約の作成に、多くの時間を費やせるようになりました。

　対照的に、分散型のアプローチは、「9.1.1 深さ対広さ」の GraphQL サービスを計装したチームの例に少し似ています。実際、ここで探求された3つの軸はすべて、非常に似たような質問をしています。誰が OpenTelemetry の実装を推進しているのでしょうか。

そして彼らはどこまで関与できるのでしょうか。

　私たちの経験では、成功するOpenTelemetryの実装はトップから始まります。エンドツーエンドのオブザーバビリティの価値を本当に引き出すには、興味深い質問をして答えられるように、十分に多くのシステムにOpenTelemetryを統合する必要があります。これは通常、多くのソフトウェアに触れ、場合によっては後方互換性について難しい決断を下すということです。職位の高いスポンサーがいなければ、この作業はしばしば「20%の時間」やその他の後回しにされ、停滞してしまいます。私たちは、OpenTelemetryの採用を獲得する最良の方法は、クリティカルマス[†3]を迅速に達成することだと発見しました。システムの十分な部分が計装されれば、自動計装であっても、興味深いパフォーマンスに関する質問に答え始められます。この作業はそこまで長くかからないはずです。可能であれば、数週間か数ヶ月に一度時間を確保して、エンドツーエンドで顧客と接するエンドポイントに集中しましょう。

　必ずしもトップの決断が必要なわけではありません。たとえば、CI/CDシステムのように「囲い込まれた」サービスやアーキテクチャを運用しているのであれば、OpenTelemetryを実装するための広範な指令は必要ないかもしれません。同様に、ある種のサービスバスや他のマルチテナントインフラストラクチャの責任者であれば、あなたのサービスが多くの種類のデータの最終地点である限り（したがって、顧客はほとんどあなた自身か、共有インフラストラクチャを使用するチームです）、しばしば広範な採用を必要とせずにトレースを追加できます。これらは、OpenTelemetryの実装を開始するのに最適な場面です。そして、上流のサービスを広範囲に変更することなく、即座に有用性と価値を提供するでしょう。

　組織の規模や形態に関係なく、OpenTelemetryとオブザーバビリティを展開する際には、いくつかの大まかな原則に留意してください。

危害を加えず、アラートを壊さない

　　既存のアラートや監視のやり方をすぐに壊さないこと。移行する際には、古い機能と新しい機能を比較するようにしてください。

---

†3　翻訳注：クリティカルマスとは商品やサービスの普及率が一気に跳ね上がる分岐点を指します。元は科学用語で、核燃料が核分裂反応を維持するために必要な最小質量（臨界量）を指していました。

価値を優先する

OpenTelemetryから何を得ていますか。より一貫したテレメトリーデータでしょうか。あるいはベンダーのロックインを減らすことによる選択肢の増加でしょうか。はたまたエンドユーザーの経験をより良く理解することでしょうか。あなたが得ている価値を特定し、OpenTelemetryを導入する間、繰り返し述べることで、全員が集中し続けられます。

ビジネスを忘れない

OpenTelemetryとオブザーバビリティは素晴らしいテクノロジーですが、本当に素晴らしいのは、テレメトリーデータを組織全体に役立てることです。必要な利害関係者は必ず参加させ、彼らにもこのデータがどのように役立つかを考えてもらいましょう。

9.2 イノベーションから差別化へ

OpenTelemetryは、より一般的なオブザーバビリティと同様、まだ「キャズムを越える」過程にあります。この概念はジェフリー・ムーア[†4]によって広められたもので、テクノロジーがどのようにアーリーアダプターからアーリーマジョリティへと移行していくかを分析しています。もしあなたが本書を読んでいるなら、おそらくあなたは後者のグループの一員でしょう。OpenTelemetryについて聞いたことがあり、その価値を認識し、それを使った構築を始める準備ができています。

では、次に何が起きるでしょう。あなたがアーリーマジョリティの一員となり、あなたの組織やチームにOpenTelemetryを導入したら、物事はどのように前進しますか。この節では、この分野におけるいくつかの新たなトピックと、それらが、あなたの組織へのアドバンテージを得るために、あなたのOpenTelemetryアーキテクチャとデプロイの差別化にどのように役立つかを議論します。

9.2.1 テストとしてのオブザーバビリティ

ユニットテストと統合テストのポイントは、あらかじめ決められた入力に対して、ア

[†4] 翻訳注：『キャズム Ver.2: 新商品をブレイクさせる「超」マーケティング理論』（ジェフリー・ムーア著、2014年、翔泳社、ISBN9784798137797）

プリケーションが期待通りの反応をするかどうかを検証することです。同じ結果を得るために、トレースとメトリクスを使ったらどうなるでしょうか。

　オブザーバビリティベーステストの基本的な考え方は、テストはシステムのふるまいを既知の良い（あるいは事前定義された）状態と比較するための手段である、というものです。OpenTelemetryを使ってサービスをトレースし、事前に定義された状態（たとえば、eコマースシステムにおける顧客注文のサンプル）でトレースを記録し、それを保存します。そして（デプロイ後やカナリアリリースの一部など）定期的に、同じテストを同じ状態で再実行し、トレースを比較します。

　これは、さまざまな方法で拡張または変更できます。特定のメトリクス測定値を記録したり、値の許容範囲を設定したり、アプリケーションやサービスのライフサイクルの特定のタイミングでそれらを比較したり、そして、これらの測定値を継続的デリバリーツールの入力として使用して、カナリアリリースに品質ゲートを設けることができます（そうすれば、新しいコードがすべてのユーザーにロールアウトする前に、パフォーマンスを悪化させたり、問題を引き起こしたりしていないことを確認できます）。

　さらに一歩進んで、継続的インテグレーションとデリバリーツールにトレースとプロファイルを追加することもできます。デプロイやビルドの全体像の理解に利用しましょう！

9.2.2　グリーンオブザーバビリティ

　責任ある技術者として、私たちは自分たちのソフトウェアが経済と環境に与える影響を考慮しなければなりません。OpenTelemetryはこの追求の手助けができます。財務管理（FinOps）領域で進行中のプロジェクトの中で、オンデマンド価格情報とCO2排出の両方の観点から、クラウドコストに関する標準メタデータ[†5]を作成することを目指しています。私たちは、このテレメトリーが将来OpenTelemetryと統合され、個々のサービスや特定のAPIコールのコストに関する洞察を提供することを期待しています。

　今後数年間で、このようなデータがより容易に入手できるようになるため、支出の最適化だけでなく、CO2排出量削減のためにどのように活用できるかを検討する必要があります。将来の規制により、特にEUでは、このことがさらに重要になる可能性があります。

[†5]　翻訳注：FinOps Cost and Usage Specification（FOCUS™）としてクラウドベンダーにおけるコストと使用量に関しての標準メタデータを策定しています。https://focus.finops.org/

9.2.3 AIオブザーバビリティ

本書を執筆している2024年、生成AIは**ホット**な話題となっています。大小さまざまな組織がこの盛り上がりに乗じて、ChatGPTやCopilotが私たちの生活や仕事にどのような革命をもたらすかについて興奮しています。私たちはこれらの賭けの正しさについてコメントするつもりはありませんが、LlamaやGPTのような大規模言語モデル (LLM) は、平易な言語による人間とコンピューターの対話をもたらしたという点で大きな価値を提供しているように見えます。

AIをめぐっては、多くの複雑な法的、倫理的、さらには道徳的な議論や論争が生まれています。しかし、もし人々がこれらの技術を利用するのであれば、そのためのオブザーバビリティが必要であることは明らかです。

AIにおけるオブザーバビリティの主な使用例は3つあります。

- モデル自体への変更を正確に追跡し、監視するために、モデル（および**ベクトル**、つまりモデルへの変更）がどのようにトレーニングされるかを理解する
- 検索決定とモデル出力の関連づけにトレースを使用するなど、モデルが実際にどのように動作するかを理解する
- チャット形式のクエリーのユーザー体験とモデルの応答を理解する

3つ目のポイントについて詳しく説明すると、生成AIを統合する開発者にとって、クエリーに対するモデルのレスポンスにユーザーがどれだけ満足（または不満足）しているかを知ることはきわめて重要です。モデルAPI（またはローカルモデル）への呼び出しに関するトレースデータを収集することは、この場合大きな価値があります。サンプリングテクニックを使って、ユーザーが結果に大きく不満か満足した特定のトレースを保存し、さらなるトレーニングと反復のために使用することもできます。

トレーニングやモデル処理についてより深い洞察を可能にするために、特別なオブザーバビリティ解析ツールが作成され、リリースされることで、生成AIがますます注目される分野になることを期待しています。私たちは、OpenTelemetryがこれらのシステムから洞察を得るためにどのように使用できるかを学びたいと考えています。

9.3 OpenTelemetry導入のチェックリスト

多くの独立したソフトウェアチームで構成される大きな組織で働く場合、新しいオブ

ザーバビリティシステムを展開するのは大変なことです。OpenTelemetryはトレースベースのシステムなので、組織的な導入は、OpenTelemetryが提供するすべての価値を引き出すために不可欠です。

　私たちは、OpenTelemetryの導入を成功させるためには、一連の基本的な行動が必要であることを長年にわたって見出してきました。本書の最後に、これらのベストプラクティスのチェックリストを掲載したいと思います。もし、あなたのOpenTelemetry導入の計画にこれらのどれかが欠けているようであれば、必ず対処してください！

☐ **管理職は関与しているか**

　もしあなたがソフトウェアエンジニアで、OpenTelemetryの導入を調整しようとしているなら、管理職を巻き込みましょう！ソフトウェアチームの優先順位を管理し、バックログを定義するのは管理職の仕事です。管理職が積極的に関与することで、チームの優先順位が対立して、エンジニアが空き時間に導入を行わなければならない事態を回避できます。

☐ **小さくても重要な最初の目標を設定しましたか**

　オブザーバビリティは、本番環境のすべてに適用される一般的なプラクティスです。しかし、導入を開始するときには、特定のゴールを念頭に置くことが重要です。たとえば、オンラインストアアプリケーションの決済処理などです。このゴールを、最初の導入の道しるべとして使ってください。

☐ **最初の目標を達成するために必要なことだけを実行していますか**

　組織全体のサービスチームを一つひとつ調整するのは大変なことです。しかし、もしあなたが特定のトランザクションに注目しているのであれば、そのトランザクションに関わるサービスの数は、分散システムのほんの一握りに過ぎないかもしれません。トレースは、トランザクションに参加しているすべてのサービスがOpenTelemetryを有効にして初めて機能することを忘れないでください。少なくとも、最初のゴールに関わるサービスチームが、OpenTelemetryを立ち上げるために協調していることを確認してください。何としても、パッチワーク的な導入は避けてください。

☐ **素早く成功を得られるものは見つけましたか**

　最初の貴重なトランザクションをエンドツーエンドで計装したら、すぐにそれ

を観察してみましょう。もしあなたの組織が今までトレースを使ったことがないのであれば、レイテンシーを減らすか、悪質なエラーの真相を突き止める方法を発見する可能性が高いでしょう。トランザクションには価値があるので、それを改善することには価値があります。これは、あなたの最初の小さな成功です！この成功を使って、他のチームやサービスにOpenTelemetryの導入の優先順位をつけさせましょう。第二のゴール、第三のゴールを選び、システム全体が監視下に置かれるまで続けるのです。

□ オブザーバビリティを一元化しましたか

もし、多くのサービスで広く使われているインハウスのフレームワークやその他のライブラリがあれば、それをOpenTelemetryの導入やブートストラップの出発点として利用できます。インフラストラクチャチームが、OpenTelemetryエージェントや他の自動計装を注入する方法を持っているなら、そのチームと提携しましょう。個々のアプリケーションチームが、自分たちでやらなければならないことは、少なければ少ないほど良いのです。

□ ナレッジベースを作りましたか

OpenTelemetry は多くのドキュメントを提供しています。しかし、そのドキュメントは非常に一般的で、あなたの組織に特化したものではありません。あなたの組織に特化したインストール手順やトラブルシューティングのヒントを提供するナレッジベースを作成することで、アプリケーションチームが新しいサービスを計装するたびに車輪を再発明する手間を省けます。

□ 新旧のオブザーバビリティシステムは重なり合いますか

OpenTelemetryの導入がブラックアウトを引き起こすのは避けたいでしょう。新しいテレメトリーシステムを導入するからといって、必ずしも古いシステムを同時に退役しなければならないわけではないことを忘れないでください。新旧両方のオブザーバビリティシステムを同時に稼働させる方法があれば、旧システムに依存し続けながら、新システムのダッシュボードとアラートツールに入力できます。新システムのダッシュボードに有用なデータが十分に入力されたら、旧システムを落とし、システムが観測できないブラックアウト期間を避けられます。

9.4　まとめ

　ここまで来たのなら、おめでとうございます！あなたはOpenTelemetryを学ん
だことになります！全9章にわたって、私たちは、なぜ、そして、どのようにして、
OpenTelemetryをあなたのオブザーバビリティフレームワークとして戦略的に選択す
べきなのか、そのビジョンと利用例を提示してきました。OpenTelemetryは、あなたの
オブザーバビリティの実践に必要不可欠なテレメトリーデータを標準化し、合理化し、
従来の「3本柱」の考え方から脱却し、リッチなテレメトリーデータの相関した三つ編み
に移行する手助けをしてくれます。

　しかし、1つの旅の終わりは、新たな旅の始まりでもあります。本書を読み終えるこ
とで、よりオブザーバビリティで理解しやすいシステムを構築するための第一歩を踏
み出してください。もしかしたら、本書を読んで、あなたもOpenTelemetryに貢献し
たくなったかもしれません！付録Aでは、どのようにプロジェクトに参加するか、そし
てプロジェクトがどのように運営されているかについて説明しています。付録Bでは、
OpenTelemetryとより一般的なオブザーバビリティについてのリンクやさらなる読み物
をまとめています。

　最後に、皆さんのお時間をいただき、ありがとうございました。私たちが本書に込め
た思いと同じくらい、あなたが本書から多くを得ることを願っています。そして、私た
ちが力を注いだのと同じくらい、あなたが多くのものを得られることを願っています。
忘れないでください、あなたはOpenTelemetryとは何か、もう学んだのです！さあ、外
に出て、何かクールなものを作りましょう。

付録A

OpenTelemetry プロジェクト

OpenTelemetryプロジェクトはCloud Native Computing Foundation（CNCF）の一部です。すべてのプロジェクトコードはApache License 2.0 の下でリリースされ、著作権は OpenTelemetry Authors に帰属します。すべての商標は Linux Foundation に帰属します。

この原稿を書いている2024年の時点で、OpenTelemetryへの貢献者は2,800人を超えています。月平均900人のアクティブなコントリビューターがおり、OpenTelemetryはKubernetesに次いでCNCFで2番目に大きなプロジェクトです。

A.1　組織構造

OpenTelemetry は非常に大きなプロジェクトで、多くの独立したコードベースがあり、プロジェクトが成長する中でも、シームレスに相互運用し続けなければなりません。それはまた、業界標準でもあり、プロジェクト内での決定が多くの外部組織に大きな影響を与える可能性があることを意味しています。OpenTelemetryの組織設計は、次に挙げる2つの要求に対応するようにできています。

Special Interest Group（SIG）

OpenTelemetryプロジェクトは、多くの言語で書かれた多くのコードベースの集合体です。それぞれのコードベースは、Special Interest Groupによって管理されています。SIGは次の役割で構成されています。

- メンバーはプルリクエスト、課題、コメント、レビューに貢献します。アクティブメンバーは、OpenTelemetry の選挙で投票する資格があります。

- **トリアージャー**はバックログの整理とプロジェクト管理を支援します。GitHub（https://oreil.ly/mpcrS）で定義されているトリアージ権限を持っています。
- **アプルーバー**は経験豊富な SIG メンバーで、プルリクエストのレビューと最終承認を担当することがあります。
- **メンテナー**はロードマップを定義し、SIG を管理します。メンテナーは、技術的な決定に対して最終的な決定権を持ち、他のメンバーに対してトリアージャー、アプルーバー、メンテナーの役割を与えます。

詳細は、コミュニティメンバーシップに関する文書（https://oreil.ly/OexDF）を確認してください。

技術委員会（Technical Committee、TC）

技術委員会は仕様を維持し、全体的な設計とエンジニアリングの労力をかける方向性をガイドします。

ガバナンス委員会（Governance Committee、GC）

ガバナンス委員会は7人のメンバーからなる選出されたグループで、プロジェクトのすべての組織構造とプロセスを設計し、維持する責任を負っています。GC は CNCF 内で OpenTelemetry を代表し、プロジェクトに関する意思決定を最終的に行います。詳細はガバナンス委員会憲章を確認してください。

A.1.1　OpenTelemetry仕様

言語や実装間の一貫性を維持するために、OpenTelemetry は仕様プロセスを通して定義されています。仕様の新バージョンは毎月リリースされます。実装の各リリースは、それが準拠する仕様のバージョンを参照します。

OpenTelemetry 仕様を拡張し、また拡張する方法を提案するために、誰でもいつ で も OpenTelemetry Enhancement Proposal（OTEP）（https://github.com/opentelemetry/oteps）を書くことができ、TC、関連する仕様の承認者、そしてより広いコミュニティによるレビューのために提出できます。これはインターネット・エンジニアリング・タスクフォース（Internet Engineering Task Force、IETF）が行っているコメント要求（Request for Comments、RFC）プロセスに似ています。

あなたが OTEP を提出するときに、設計プロセスの一部として、関連するコア貢献者

と積極的に関わることで、成功する可能性がもっとも高くなります。これは、その作業がOpenTelemetryプロジェクトのスコープに含まれ、既存の仕様とうまく統合されることを確実にするのに役立ちます。

A.1.2 プロジェクト管理

OTEPを含むOpenTelemetryの多くのイニシアティブは複雑で、その開発には専門家による専用のワーキンググループが必要です。大規模で困難な変更には、TCや他のコミュニティメンバーからの多大な注目も必要です。どのような組織でもそうであるように、OpenTelemetryも新しいプロジェクトに取り組める許容量は限られています。貢献者の時間を効率的に管理するために、OpenTelemetryはプロジェクト管理のワークフローを開発しました。図A-1に示すこのプロセスは、GitHubのコミュニティリポジトリ（https://oreil.ly/-cIV2）で説明されています。

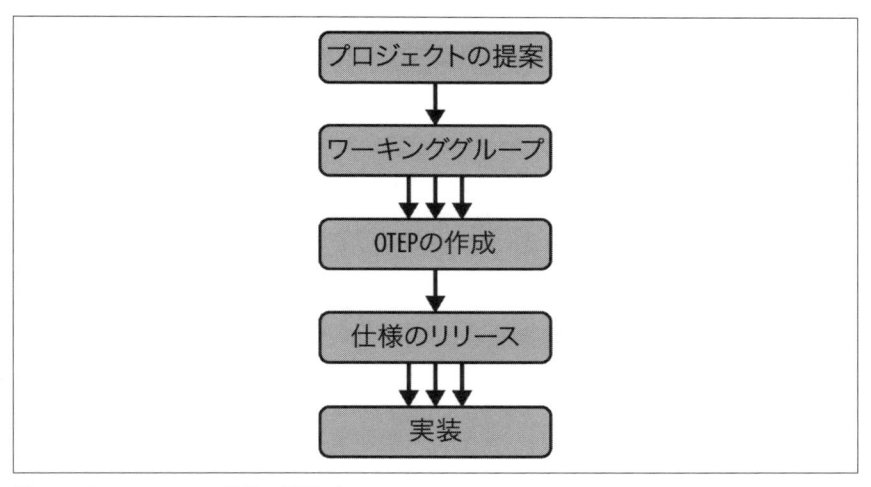

図A-1：OpenTelemetry仕様の開発プロセス

プロジェクトが承認されるためには、最低限以下のことが必要となります。

- 明確に定義された目標と成果物
- より広範なコミュニティによるレビューのために、いつまでに成果物を準備するかの期限
- プロジェクトのスポンサーとなるTC／GCメンバー2名、または彼らから委任さ

れたコミュニティメンバー

- 仕様の設計、OTEPの作成、プロトタイプの作成、定期的なミーティングにかなり
の時間を割くことを厭わない設計者と関連テーマの専門家グループ

すべての開発プロジェクトは、OpenTelemetryプロジェクトボード（https://oreil.ly/
Vgnvu）にまとめられています。もしあなたがOpenTelemetryプロジェクトの全体的な
方向性を理解することに興味があるなら、プロジェクトボードから確認し始めるのが良
いでしょう。

A.2　参加方法

OpenTelemetryは大規模で参加者を歓迎するプロジェクトです！SIGはいつでも新
しいメンバーに開かれています。メンテナーや他のコミュニティメンバーは、GitHub
やSlack、毎週のZoomミーティングで質問に答えてくれます[†1]。これらのフォーラムに
参加するのに、専門家や中心的な貢献者である必要はありません。エンドユーザーは
どこでも歓迎されます。

メンバーになるには、作業に興味のあるコードベースに対応するSIGに参加してくだ
さい。メンテナーは、コミット、レビュー、コミュニティ支援において一貫した実績を
示すコミュニティメンバーに責任を委譲します。

エンドユーザーとしてプロジェクトにフィードバックするには、エンドユーザーワー
キンググループ（https://oreil.ly/Indr8）に参加してください。ここではユーザー体験の
報告を集め、適切なSIGに情報を流します。また、毎月ディスカッショングループが開
催され、コアコントリビューターがフィードバックに耳を傾け、支援やアドバイスを提
供しています。

[†1]　翻　訳　注：CNCFのSlack（https://communityinviter.com/apps/cloud-native/cncf）　上　で
OpenTelemetryに関するチャンネルがあるので、そこで自由に発言できます。オンラインミーティ
ングに関しては2024年10月現在、多くがアメリカおよびヨーロッパのタイムゾーンに適した時間
帯でしか開催されていないため、アジア太平洋地域からの参加者には参加しづらくなっているの
が現状です。興味があるSIGがあればSlackチャットで積極的に発言し、オンラインミーティング
開催時刻に関してもコメントしましょう！

A.3　その他の関連情報

　すべてのドキュメントとプロジェクトの詳細は、OpenTelemetryプロジェクトサイト（https://opentelemetry.io）にあります。OpenTelemetryはGitHubでホストされています。すべての公式な作業はGitHub Issuesとプルリクエストで行われています。カジュアルな質問や議論はCNCF Slackインスタンスで行われます。毎週のSIGミーティングはZoom経由でホストされています。

　参加方法については、OpenTelemetry CommunityのGitHubリポジトリ（https://oreil.ly/rL-HR）にアクセスしてください。

- OpenTelemetryミーティングカレンダー
- CNCF Slack手引
- 現在および今後のプロジェクト提案
- プロジェクト管理の詳細
- 現GCおよびTCメンバー
- GCとTCの憲章

　本書が参考になれば幸いです！著者に直接連絡を取りたい場合は、**ツイッターは死んでしまったので、どこにもありません。死んでしまったのです。**野生の著者たちに出会ったら、近づこうとしないでください。ゆっくりと後ずさりし目を合わせないこと。

付録B
さらなる資料

この付録では、さらに読むべき本やリンクなど、役に立つと思われる情報を提供します。

B.1　ウェブサイト

- メインのOpenTelemetryのウェブサイト (https://opentelemetry.io)
- OpenTelemetry GitHub Organization (https://github.com/open-telemetry)
- OpenTelemetry Enhancement Proposal リポジトリ (https://oreil.ly/I92Yl) 既存および新規の拡張提案の記録を保管しています。
- OpenTelemetry 仕様 (https://oreil.ly/theHB)
- OpenTelemetry セマンティック仕様 (https://oreil.ly/BqCbl)
- OpenTelemetry を採用した組織 (https://oreil.ly/X36fa)
- OpenTelemetry をサポートするオープンソースソフトウェア (OSS) と商用のオブザーバビリティツール (https://oreil.ly/OF_bf)

B.2　書籍

- "Site Reliability Engineering: How Google Runs Production Systems" (https://learning.oreilly.com/videos/site-reliability-engineering/9781663728586/) (Betsy Beyer、Chris Jones、Jennifer Petoff、Niall Richard Murphy編、2016年、O'Reilly、

ISBN9781491929124）[†1]

- "Practical OpenTelemetry: Adopting Open Observability Standards Across Your Organization"（Daniel Gomez Blanco 著、2023 年、Apress、ISBN9781484290743）[†2]
- "Cloud-Native Observability with OpenTelemetry: Learn to Gain Visibility into Systems by Combining Tracing, Metrics, and Logging with OpenTelemetry"（Alex Boten 著、2022 年、Packt、ISBN9781801077705）
- "The Field Guide to Understanding 'Human Error'"（Sidney Dekker 著、2014 年、Routledge、ISBN9781472439055）
- "Systems Performance: Enterprise and the Cloud"（Brendan Gregg 著、2020 年、Addison-Wesley、ISBN9780136820154）[†3]
- "Observability Engineering: Achieving Production Excellence"（https://learning.oreilly.com/library/view/observability-engineering/9781492076438/）（Charity Majors、Liz Fong-Jones、George Miranda 著、2022 年、O'Reilly、ISBN9781492076445）[†4]
- "Getting Started with Grafana: Real-Time Dashboards for IT and Business Operations"（Ronald McCollam 著、2022 年、Apress、ISBN9781484283080）

---

†1　翻訳注：日本語訳版は『SRE サイトリライアビリティエンジニアリング』（2017年、オライリー・ジャパン、ISBN9784873117911）です。

†2　翻訳注：日本語訳版は『実践 OpenTelemetry』として刊行予定です。

†3　翻訳注：日本語訳版は『詳解 システム・パフォーマンス 第2版』（2023年、オライリー・ジャパン、ISBN9784814400072）です。

†4　翻訳注：日本語訳版は『オブザーバビリティ・エンジニアリング』（2023年、オライリー・ジャパン、ISBN9784814400126）です。

索　引

● 著者紹介

Ted Young（テッド・ヤング）

OpenTelemetryプロジェクトの共同設立者の一人。過去20年以上にわたり、ビジュアルFXパイプラインやコンテナスケジューリングシステムなど、さまざまな大規模分散システムを設計・構築してきた。オレゴン州ポートランドの小さな農場に住み、余暇にはコミカルな映画、駄作映画、コミカルな駄作映画を作っている。

Austin Parker（オースティン・パーカー）

honeycomb.ioのオープンソース担当ディレクター、OpenTelemetryプロジェクトの共同設立者、OpenTelemetryガバナンス委員会のメンバー。ITとソフトウェア業界で20年以上の経験を持ち、銀行、医療、通信などさまざまな機能向けにクラウドネイティブプラットフォームを構築、運用してきた。また、オープンソースやオブザーバビリティに関するトピックの執筆、国際的な講演、コミュニティビルダーとしても活躍している。"Distributed Tracing in Practice"（https://www.oreilly.com/library/view/distributed-tracing-in/9781492056621/）の著者、Observability Day NAおよびEMEAの共同議長兼オーガナイザー、そして『どうぶつの森』における世界初（そして唯一）のバーチャルDevOpsイベントであるDeserted Island DevOpsの創設者でもある。その他の執筆活動については彼のウェブサイト（https://aparker.io）を参照。

● 訳者紹介

山口 能迪（やまぐち よしふみ）

アマゾンウェブサービスジャパン合同会社シニアデベロッパーアドボケイト。AWS製品の普及と技術支援を担当し、特にオブザーバビリティ、SRE、DevOpsといった領域を担当。OpenTelemetryやGoのコミュニティの支援も活発に行っている。翻訳書に『SREをはじめよう』『効率的なGo』『SLO サービスレベル目標』『オブザーバビリティ・エンジニアリング』『Go言語による並行処理』、監訳書に『SREの探求』（いずれもオライリー・ジャパン）など。好きなプログラミング言語の傾向は、実用指向で標準の必要十分に重きを置くもので、特にGoやPythonを好んでいる。

入門 OpenTelemetry
現代的なオブザーバビリティシステムの構築と運用

2025年1月21日　　初版第1刷発行

著　　　　者	Ted Young（テッド・ヤング）、Austin Parker（オースティン・パーカー）
訳　　　　者	山口 能迪（やまぐち よしふみ）
発　行　人	ティム・オライリー
印 刷・製 本	株式会社平河工業社
発　行　所	株式会社オライリー・ジャパン

　　　　　　　　　〒160-0002　東京都新宿区四谷坂町12番22号
　　　　　　　　　Tel　（03）3356-5227
　　　　　　　　　Fax　（03）3356-5263
　　　　　　　　　電子メール　japan@oreilly.co.jp

発　売　元　　株式会社オーム社

　　　　　　　　　〒101-8460　東京都千代田区神田錦町3-1
　　　　　　　　　Tel　（03）3233-0641（代表）
　　　　　　　　　Fax　（03）3233-3440

Printed in Japan（ISBN978-4-8144-0102-4）

乱丁、落丁の際はお取り替えいたします。